高职高专规划教材
◎矿业工程系列◎

采掘机械使用与维护

主　编　张丽芳

副主编　刘法允　张　立

编　者　罗　伟　刘亚东　谢勇强

北京师范大学出版集团
BEIJING NORMAL UNIVERSITY PUBLISHING GROUP
安徽大学出版社

图书在版编目(CIP)数据

采掘机械使用与维护/张丽芳主编. —合肥:安徽大学出版社,2013.8
高职高专规划教材. 矿业工程系列
ISBN 978-7-5664-0485-5

Ⅰ.①采… Ⅱ.①张… Ⅲ.①采掘机—使用方法—高等职业教育—教材
②采掘机—维修—高等职业教育—教材 Ⅳ.①TD421.5

中国版本图书馆CIP数据核字(2013)第188975号

采掘机械使用与维护

张丽芳 主编

出版发行:	北京师范大学出版集团
	安徽大学出版社
	(安徽省合肥市肥西路3号 邮编230039)
	www.bnupg.com.cn
	www.ahupress.com.cn
印　刷:	安徽省人民印刷有限公司
经　销:	全国新华书店
开　本:	184mm×260mm
印　张:	9
字　数:	206千字
版　次:	2013年8月第1版
印　次:	2013年8月第1次印刷
定　价:	18.00元

ISBN 978-7-5664-0485-5

策划编辑:李　梅　武溪溪		装帧设计:李　军	
责任编辑:武溪溪		美术编辑:李　军	
责任校对:程中业		责任印制:赵明炎	

版权所有　侵权必究

反盗版、侵权举报电话:0551-65106311
外埠邮购电话:0551-65107716
本书如有印装质量问题,请与印制管理部联系调换。
印制管理部电话:0551-65106311

前 言

本教材采用模块形式、课题引领、项目任务驱动形式编写而成,内容由浅入深,既有理论分析,又有设备维护技能和实践操作技能的经验总结,实用性强。主要内容包括采煤机的使用与维护、液压支架的使用与维护、乳化液泵的使用与维护、掘进机的使用与维护等。

本教材的特色主要体现在以下几个方面:

第一,根据职业教育特点,突出实践能力的培养。根据矿山机电专业毕业生所从事职业岗位的实际需要,参照国家职业标准,合理确定学生应具备的知识结构和能力结构。同时,进一步加强实践性教学的内容,以满足企事业技能型人才的需要。

第二,根据学生的认识规律,合理安排教材内容。根据教学规律和学生的认知规律,合理安排教材内容,将知识点和技能点通过直观的教学环境融合,激发学生的学习兴趣,强化技能的培养。

第三,根据行业发展特点,突出教材的先进性。教材内容充分体现了目前煤炭行业技术、工艺和设备的现状及趋势。

本教材可供高等或中等职业技术学校矿山机电专业、综采综掘专业师生使用,也可作为职业教育培训教材。教材的编写得到了淮北矿业(集团)有限责任公司的大力支持,在此,我们表示诚挚的谢意。

编 者

2013 年 6 月

目 录

项目一 MG500/1130-WD 型电牵引采煤机的使用与维护 ········· 1
　任务一 采煤机基本知识 ········· 1
　任务二 采煤机使用与维护 ········· 30
　任务三 采煤机安装与试运转 ········· 36
　任务四 采煤机故障处理 ········· 41
　思考复习题 ········· 50

项目二 ZY6800/19/40 型掩护式液压支架的使用与维护 ········· 51
　任务一 液压支架基本知识 ········· 51
　任务二 液压支架使用与维护 ········· 64
　任务三 液压支架安装与试运转 ········· 75
　任务四 液压支架故障处理 ········· 78
　思考复习题 ········· 86

项目三 BRW200/31.5 型乳化液泵的使用与维护 ········· 87
　任务一 乳化液泵基本知识 ········· 87
　任务二 乳化液泵使用与维护 ········· 94
　思考复习题 ········· 97

项目四 EBZ160 型综合掘进机的使用与维护 ········· 98
　任务一 掘进机基本知识 ········· 98
　任务二 掘进机使用与维护 ········· 109
　任务三 掘进机安装与试运转 ········· 120
　任务四 掘进机故障处理 ········· 131
　思考复习题 ········· 134

参考文献 ········· 135

项目一　MG500/1130-WD 型电牵引采煤机的使用与维护

任务一　采煤机基本知识

一、知识点

(1) 了解采煤机的类型。
(2) 掌握 500/1130-WD 型电牵引采煤机的结构组成及作用。
(3) 掌握 500/1130-WD 型电牵引采煤机的工作原理。

二、能力点

(1) 能指出采煤机各组成部分的名称并说明其作用。
(2) 能阐明采煤机的工作原理。

三、相关知识

(一) 采煤机械概念

采煤机、刮板输送机、液压支架是综合机械化采煤工作面的主要设备,主要任务是在长臂工作面完成落煤、装煤、运煤、支护和采空区处理等几个主要采煤工序。采煤机主要包括刨煤机和滚筒式采煤机,目前我国多采用滚筒式采煤机。滚筒式采煤机的种类较多,按工作机构的数量可分为单滚筒采煤机和双滚筒采煤机;按牵引方式可分为有链牵引采煤机和无链牵引采煤机;按牵引控制方式可分为机械牵引采煤机、液压牵引采煤机和电牵引采煤机。

电牵引采煤机是在液压牵引采煤机的基础上,借鉴其无级调速的特性发展起来的新一代采煤机。MG500/1130-WD 型电牵引采煤机是我国西安煤矿机械厂的产品,该机的型号含义是:M——采煤机;G——滚筒式;500——单截割电机功率;1130——采煤机总功率;W——无链式;D——电牵引式。

MG400/930-WD 和 MG500/1130-WD 型电牵引采煤机如图 1-1、图 1-2 所示,是一种多电机驱动、电机横向布置、交流变频调速、无链双驱动电牵引采煤机。总装机功率 930(1130)kW,机面高度 1571mm,适用于采高 2000～4200mm、煤层倾角≤40°的中厚煤层综采工作面。要求煤层顶板中等稳定,底板起伏不大,不过于松软,煤质硬或中硬,能截割一定的矸石夹层。

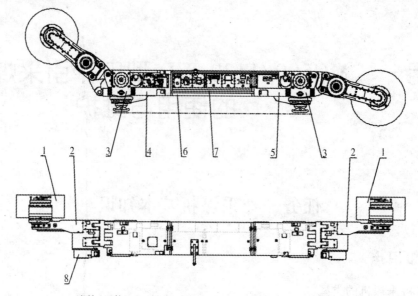

1—滚筒(两件);2—摇臂(两件);3—行走箱(两件);4—左牵引部;
5—右牵引部;6—连接框架;7—液压拉杠(四根);8—截割电机(两件)

图 1-1 电牵引采煤机主视图

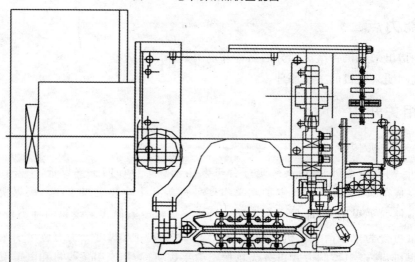

图 1-2 电牵引采煤机侧视图

该采煤机的电气设备符合矿用防爆规程的要求,可在有瓦斯或煤尘爆炸危险的矿井中使用,并可在海拔不超过2000m、周围介质温度不超过40℃、空气湿度不大于95%(在25℃时)的情况下可靠地工作。

该采煤机适合与相应的液压支架、各种型号工作面运输机配套,实现综合机械化采煤或放顶煤综采。

采煤机的机械传动系统图、液压系统图、冷却喷雾系统图、润滑系统图等如图1-3至图1-6所示。

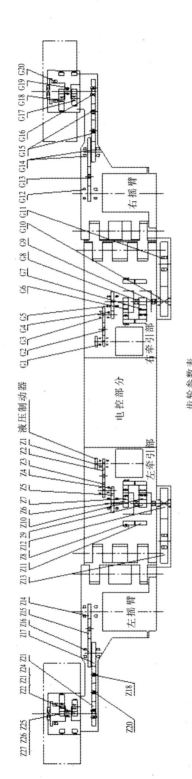

齿轮参数表

部位	左右牵引部						左牵引部							行走路					摇臂								
	Z1	Z2	Z3	Z4	Z5	Z6	Z7	Z8	Z9	Z10	Z11	Z12	Z13	Z14	Z15	Z16	Z17	Z18	Z20	Z21	Z22	Z23	Z24	Z25	Z26	Z27
齿轮转数 r/min	1470	1130.7	938.2	938.2	196.9	196.9	143.2	0	34.4	24.7	0	6.15	4.73	1470	1055.4	1029	1029	841.9	841.9	694	694	485	0	129.4	79.9	0

轴承参数表

部位	左右牵引部						行走路						摇臂						
	G1	G2	G3	G4	G5	G6	G7	G8	G9	G10	G11	G12	G13	G14	G15	G16	G17	G18	G19	G20
数量	2	2	1	1	1	8	8	1	1	2	1	2	2	2	4	2	6	12	1	1

图 1-3 MG400(500)/930(1130)-2D 型交流电牵引采煤机机械传动系统图

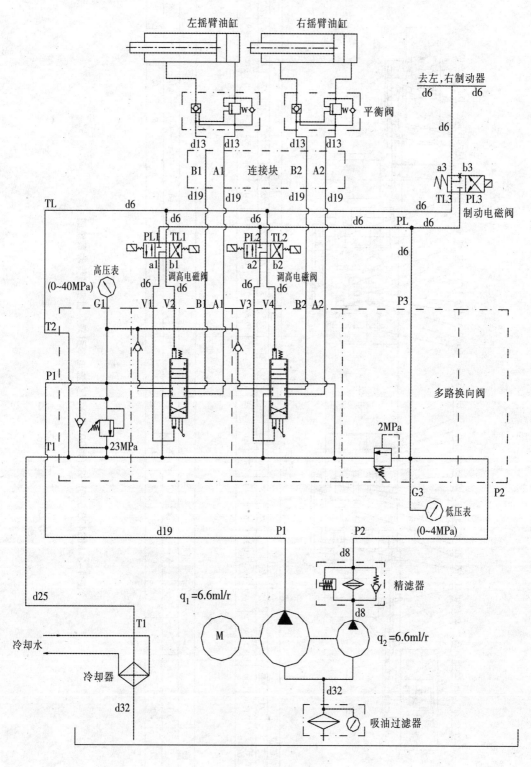

图 1-4 液压系统图

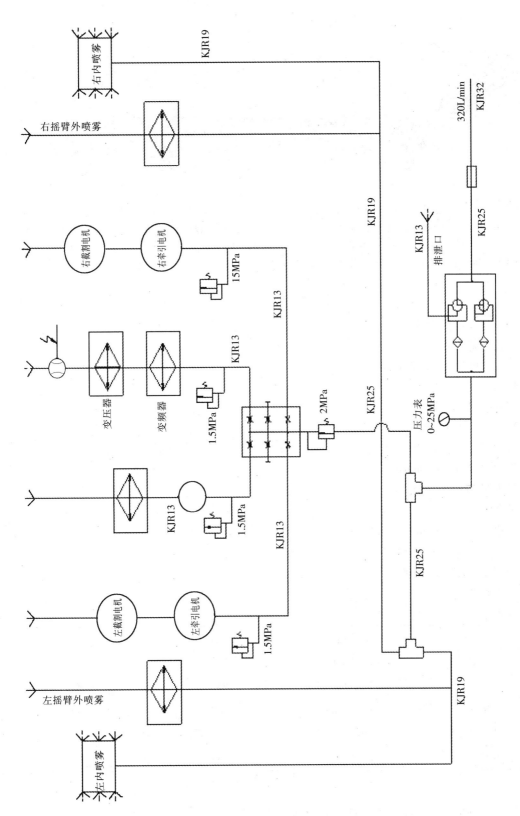

图 1-5 冷却系统图

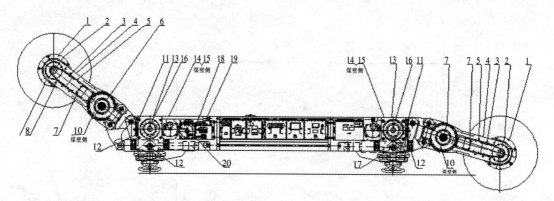

1—行星头油位尺(含透气塞);2—行星头油池加油孔;3—摇臂体油池加油阀;4—摇臂体油池加油孔;5—摇臂体油池透气塞;6—摇臂体油池加油孔;7—摇臂体油池油标;8—摇臂体油池放油孔;9—行星头油池放油孔;10—摇臂体油池放油孔;11—牵引部油池透气塞;12—牵引部油池油标;13—牵引部油池加油孔;14—牵引部油池放油孔;15—牵引部油池透气塞;16—行走箱加油嘴;17—行走箱加油嘴;18—泵箱油池油标;19—泵箱油池空气滤清器(加油孔、透气孔);20—泵箱油池放油孔

图 1-6　润滑系统图

(二)主要技术特征

1. 适用煤层参数。

采高:2000~4200mm。

煤层倾角:≤40°。

煤质硬度:硬或中硬。

2. 整机主要参数

机面高度:1571mm。

滚筒直径:φ2000mm。

最大采高:4200mm。

卧底量:370mm。

过煤高度:670mm。

装机功率:2×400(500)+2×55+20 kW。

摇臂摆动中心距:7600mm。

截深:800mm。

3. 电动机

电动机	截割电机	牵引电机	调高泵电机
功率	400(500)kW	55kW	20kW
电压	3300V	380V	3300V
转速	1485r/min	0~2470r/min	1470r/min
冷却水量	30L/min	20L/min	10L/min
冷却水压	1.5MPa	1.5MPa	1.5MPa

4. 牵引

形式:交流变频调速、电机驱动齿轮销轨式无链牵引。

牵引力:410~680kN。

牵引速度:0~13.80m/min。

5. 截割

摇臂长度:2765mm。

摇臂摆角:-17°~+40°。

滚筒直径:ϕ2000mm。

滚筒线速度:2.90m/s。

滚筒转速:27.73r/min。

6. 调高泵箱

调高双联泵型号:P124-G25085BL,54/G10NKG。

主泵工作压力:20MPa(最高压力23MPa)。

辅泵工作压力:2MPa。

理论排量:25ml/r+10ml/r。

工作转速:1470r/min。

滚筒全行程升起时间:75s。

滚筒全行程下降时间:55s。

7. 操纵方式

中部手控:开停机、停运输机、调速换向。

两端电控:停机、调速换向、调高。

无线遥控:停机、调速换向、调高。

8. 主电缆

拖缆方式:自动拖缆。

主电缆规格:1根 MCPT3×95+1×50+3×4。

9. 冷却和喷雾

冷却:各电机、变压器箱、变频器箱、调高泵箱、摇臂分别冷却。

喷雾:内外喷雾。

供水压力:3.0MPa。

供水流量:250L/min。

供水管直径:ϕ32mm,接头 K1 标准。

10. 机器重量

机构重量约为60t。

(三)主要组成部分及工作原理

MG400/930-WD 和 MG500/1130-WD 型交流电牵引采煤机主要由以下部件组成:左牵引部;右牵引部;摇臂(两件);调高泵箱;连接框架;开关箱;变频器箱;变压器箱;行走箱(两件);机身连接件;冷却喷雾系统;电气外部连接件;拖缆装置;左、右滚筒;各部件电动机。

工作原理及主要结构:采煤机由老塘侧的两个导向滑靴和煤壁侧的两个平滑靴分别支承在工作面刮板运输机销轨和铲煤板上。当行走机构的驱动轮转动时,驱动齿轨轮转动,齿轨轮与销轨啮合,采煤机便沿运输机正向或反向牵引移动,滚筒旋转进行落煤和装煤,沿工作面长截割一刀即进尺一个截深,如图1-1,图1-2所示。

采煤机由左、右牵引部和连接框架等三段组成主机身,该三段主要采用液压拉杠联结,无底托架,机身两端铰接左右摇臂,并通过左右连接架与调高油缸铰接。两个行走箱左右对称,布置在牵引部的老塘侧,由两台55kW电机分别经左右牵引部减速箱驱动实现双向牵引。采用销轨式牵引系统,导向滑靴和齿轨轮中心重合骑在运输机销轨上,可保证采煤机不掉道,同时保证齿轨轮和销轨柱销有良好的啮合性能。

机身中段为一整体连接框架,开关箱、变频器箱两个独立的电气部件分别从老塘侧装入联结框架。

调高泵箱、变压器箱两个独立的部件分别从老塘侧装入左右牵引部的一段框架内。

摇臂采用直臂结构形式,左右通用,摇臂输出端采用500mm×500mm的方形出轴与滚筒联结。滚筒叶片和端盘上装有截齿,滚筒旋转时靠截齿落煤,再通过螺旋叶片将煤输送到工作面刮板运输机上。

机器的操作可以在采煤机中部电控箱或两端左右牵引部上的指令器上进行,也可以用无线遥控器控制。采煤机中部可进行开停机、停运输机和牵引调速换向操作,采煤机两端和无线遥控均可进行停机、牵引调速换向和滚筒的调高操作。

(四)结构特点

MG400/930-WD和MG500/1130-WD型交流电牵引采煤机采用多电机驱动、电机横向布置的总体结构,其结构简单可靠,各大部件之间只有连接关系,没有传动环节。其主要特点如下:

(1)所有电机横向装入每个独立的机箱内,为抽屉式形式,各部件均有独立的动力源,各大部件之间没有力的传递。

(2)三个独立的电气箱部件和一个独立的调高泵箱部件分别从老塘侧装入中间联结框架内和左右牵引部的一段框架内,该四个独立部件不受力,拆装运和维修比较方便。

(3)机身由三段组成,采用液压拉杠和高强度螺栓联结为一个刚性整体,无底托架,增加了过煤空间高度。摇臂支承座受到的截割阻力、调高油缸支承座受到的支反力、行走机构受到的牵引反力均由牵引部箱体承受。机身较短,对工作面适应性好,通过工作面三机配套,可以方便地调整采煤机总宽度,能适应与各种工作面运输机配套和不同综采工作面的需要。

(4)摇臂行星头为双级行星传动结构,末级行星传动采用四行星轮结构,齿轮强度和轴承寿命高,行星头外径尺寸小,可以配套的滚筒直径范围大。摇臂设有齿式离合器及扭矩轴机械保护装置,以实现离合滚筒及电机、机械传动系统过载保护。摇臂行星头油池和摇臂身油池隔离,为两个独立的润滑油池,可以保证滚筒位于任何位置时,行星机构部分都能得到良好的润滑。

(5)调高系统液压元部件均集成安装于调高泵箱上平面,液压元件均采用成熟定型的产品,系统简单、管路少、可靠性高。

(6)采用销轨式无链牵引系统,牵引部与行走箱为两个独立的箱体,煤壁侧的平滑靴采用一支承板与牵引部机壳联结,与工作面运输机的配套性能好,适用范围广。

(7)牵引电气拖动采用一拖一方式,即由二台变频器分别拖动二台牵引电机。

(8)电气拖动系统具有四象限运行的能力,采煤机可用于大倾角工作面,并采用回馈制动。

（9）采用水冷式变频器。

（10）采用 PLC 控制，全中文液晶显示系统，具有简易智能监测系统，保护齐全、查找故障方便。

（11）控制系统完备，具有手控、电控、无线遥控等多种操作方式，可以在采煤机中部或两端操作，可单人操作或双人同时操作。

（五）牵引机构

1. 组成

MG400/930-WD 和 MG500/1130-WD 型交流电牵引采煤机的牵引机构由左、右牵引部和左、右行走箱组成，位于机身的左右两端，是采煤机行走的动力传动机构。左、右两个牵引部内各有一台用于采煤机牵引的 55kW 交流电机，其动力通过二级直齿轮传动和二级行星齿轮传动减速传至驱动轮，驱动轮驱动齿轨轮，使采煤机沿工作面移动。

左右两个牵引部的内部传动零件、组件完全相同。两个行走箱的结构完全相同，可互换。

2. 牵引机构的机械传动

（1）传动系统（图 1-3）。牵引电机出轴外花键与电机齿轮轴内花键相连，将电机输出转矩通过齿轮 Z1～Z5 两级圆柱齿轮减速传给双级行星机构，经双级行星减速后由行星架输出，传给驱动轮至齿轨轮与销轨啮合，使采煤机来回行走。一轴同时与液压制动器连接，以实现采煤机的制动。

①牵引机构的总传动比：$i = 222.815$。

牵引机构的传动齿轮及支承轴承参数及规格如图 1-3 所示。

②采煤机的最大牵引速度：

齿轨轮转速：$n = 5.075 r/min$；

最大牵引速度：$v = 13.80 m/min$。

③采煤机的最大牵引力 $F \approx 680 kN$。

（2）主要结构。牵引部主要由机壳、牵引电机、液压制动器、电机齿轮轴、惰轮组、牵引轴、中心齿轮组、行星减速器及油位标尺等零部件组成（图 1-7）。

牵引部有如下特点：

①制动采用液压制动器，使采煤机在较大倾角条件下采煤，有可靠的防滑能力。

②采用双级行星减速机构。行星减速器采用四行星轮结构使轴承寿命和齿轮强度的裕度大、可靠性高。行星减速机构为双浮动结构，即第一级太阳轮、行星架浮动，第二级太阳轮、内齿圈浮动，以补偿制造和安装误差，使各行星轮均匀地承担载荷。

③平滑靴通过一块更换方便的支承板与牵引部机壳连接，易于与工作面运输机配套。

④导向滑靴回转中心与齿轨轮中心同轴，保证齿轨轮与销轨的正常啮合。

⑤机壳采用铸、焊结构。左牵引部机壳的右端和右牵引部机壳的左端为一箱体框架，独立的调高泵箱部件和变压器箱部件分别装入左右牵引部箱体框架内。

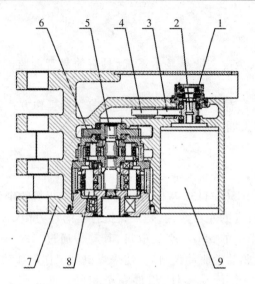

1—液压制动器；2—电机齿轮轴；3—惰轮轴；4—牵引轴；5—中心齿轮组；
6—一级行星机构；7—机壳；8—二级行星机构；9—电机

图 1-7　牵引机构

电机齿轮轴(图 1-8)：电机齿轮轴为轴齿轮，一端为内花键，与牵引电机出轴外花键连接，将牵引电机的动力传至轴齿轮；另一端通过平键、轴齿轮与液压制动器相连，以实现采煤机制动。电机齿轮轴的两端用两个 NJ217EC 轴承支承，两端分别用油封座、油封将电机、液压制动器与牵引部油池隔离。

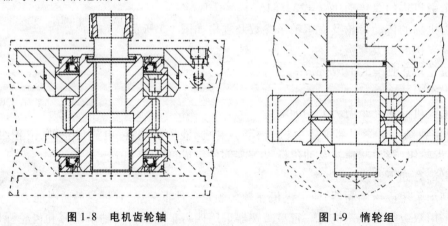

图 1-8　电机齿轮轴　　　　　图 1-9　惰轮组

惰轮组(图 1-9)：惰轮组由轴、齿轮($m=4$、$z=39$)及两个轴承组成，是根据结构需要传递动力而设置的。

牵引轴(图 1-10)：牵引轴由轴齿轮($m=5$、$z=18$)、齿轮($m=4$、$z=47$)、两个轴承、距离套、端盖等组成。齿轮轴与齿轮通过渐开线花键连接，安装时可成组或分步从机壳后端装入。

中心齿轮组(图 1-11)：中心齿轮组由大齿轮($m=5$、$z=80$)、太阳轮和两个轴承等组成。大齿轮两端由两个轴承支承，太阳轮通过花键与大齿轮相连，将动力传递给行星减速器，在安装时应先成组安装好后再装入机壳。

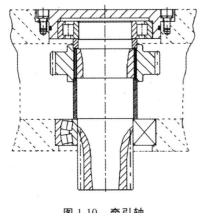 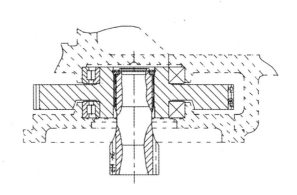

图 1-10　牵引轴　　　　　　　图 1-11　中心齿轮组

行星减速器：牵引行星减速器采用双级行星减速机构，两级均为四个行星轮，这样使整个减速机构的齿轮和轴承寿命大为提高，两级行星减速机构各有一段内齿圈，第一级行星架和太阳轮采用浮动结构，行星架两端无轴承支承，第二级太阳轮和内齿圈采用浮动结构，这种双浮动结构具有良好的均载特性，运动受力时可自动补偿偏载，使各齿轮受力均匀，有利于提高零部件的寿命。

行星减速器在结构上由行星齿轮组Ⅰ（图 1-12）、行星齿轮组Ⅱ（图 1-13）、连接套、轴承座、挡环等组成。

第一级行星机构速比（1 + 66/14）为 5.71，第二级行星机构速比（1 + 69/15）为 5.6。

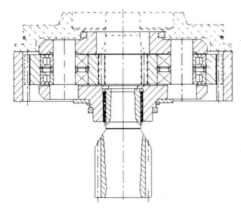 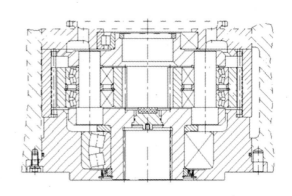

图 1-12　行星齿轮组Ⅰ　　　　　　　图 1-13　行星齿轮组Ⅱ

行星齿轮组Ⅰ（图 1-12）主要由行星架、行星齿轮、行星轮轴和轴承、内齿圈、连接第二级行星机构的太阳轮等组成。行星齿轮组Ⅱ（图 1-13）主要由行星架、行星齿轮、行星轮轴和轴承、支承行星架的两个轴承、内齿圈、行星架出轴端轴承座、油封等组成。行星架出轴端是内花键，通过行走机构的花键轴将动力传递给驱动轮。

安装时，将行星齿轮组Ⅰ、行星齿轮组Ⅱ成组依次装入机箱内。

行走机构（图 1-14）：行走机构主要由行走箱壳、驱动轮、齿轨轮组、齿轨轮轴、导向滑靴、与牵引部行星机构出轴连接的花键轴、支承驱动轮和齿轨轮的轴承及密封件等组成。驱动轮为轴齿轮，通过轴承支承在箱壳上，驱动轮通过内花键与花键轴一端相连，花键轴另一端与牵引行星减速器行星架内的花键相连,将行星架输出的动力传给驱动轮。花键轴上设有扭矩槽,当实际载荷大于额定载荷的2.8倍时,花键轴从扭矩槽处断裂,对采煤机机械传动件起到保护作用。该花键轴根据需要可以拆除,这样,牵引动力传动链被断开,即可起到离合器的作用。齿轨轮内装有轴承,并通过轴套装在齿轨轮轴上,可相对心轴转动。齿轨轮轴装在机壳上,且挂有导向滑靴。导向滑靴套在销轨上,它是支承采煤机重量的一个支承点,并对采煤机行走起导向作用,同时承受采煤机的部分重量及采煤机的侧向力。

行走机构左、右各有一组,行走机构箱体牢固地固定在左、右牵引部箱体上,通过两个止口与牵引部箱体定位连接,同时用多条高强度螺柱、螺钉和液压螺母,将行走机构箱体与牵引部箱体紧固成一个刚性整体。

行走箱内的支承轴承需要定期加注润滑脂润滑。

润滑脂的牌号:3号二硫化钼极压锂基润滑脂 GB7323-87。

润滑脂的主要性能:滴点不低于170℃,锥入度(单位:1/10mm)为265~295。

3. 牵引电机

牵引电机为矿用隔爆型三相交流异步电动机(图1-15),电压等级380V,功率55kW,可用于环境温度≤40℃,有瓦斯或煤尘爆炸危险的采煤工作面。

牵引电机的供电拖动由交流变频调速电控装置提供,通过变频器改变供电频率,从而改变牵引电机的转速,即改变采煤机的牵引速度。变频器调控供电频率的范围为0~83Hz,

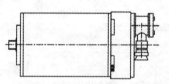

1—行走箱壳体;2—驱动轮;
3—花键轴;4—齿轨轮组;
5—齿轨轮轴;6—导向滑靴

图1-14 行走机构

图1-15 牵引电机

对应的电机转速为0~2440r/min,电机转速在0~1470r/min范围内为恒扭矩输出,在1470~2440r/min范围内为恒功率输出。

该电机卧式安装在左、右牵引部上,电机外花键出轴与电机齿轮轴内花键连接。电机外壳采用水套冷却。

注意:开机前应先检查冷却水的水压、水量,先通水后启动电机,严禁断水使用,断水或有其他异常响声时必须立即停机检查。

4. 液压制动器

(1)工作原理。液压制动器是采煤机的安全防滑装置,是一种弹簧加载液压释放式制动器,主要由缸体、活塞、内齿圈、前盖、后盖、摩擦片组件、片齿轮、加载弹簧及密封件等组成(图1-16)。

由调高液压系统控制油路自进油口供油松闸,切断控制油时,在加载弹簧的弹簧力作用下进入抱闸状态,此时加载弹簧通过活塞压向片齿轮,使两组摩擦片组件与片齿轮紧密压靠,产生摩擦力矩,采煤机被制动。松闸时,两组小弹簧的弹簧力使两组摩擦片组与片齿轮脱离接触。

项目一 MG500/1130-WD型电牵引采煤机的使用与维护

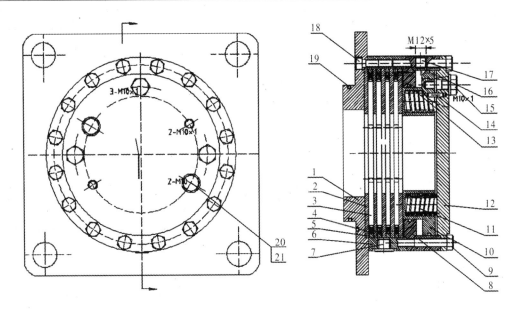

1—前盖;2—摩擦盘;3—摩擦片;4—小弹簧;5—分隔圈;6—内健圈;7—螺塞 M14×15;8—缸体;9—螺栓 M10×90;10—活塞;11—大弹簧;12—后盖;13—O形圈 224×7;14—销 A4×10;15—螺塞 M10×1;16—O形圈 250×7;17—螺塞 M12×15;18—螺钉 M10×25;19—O形圈 185×3.55;20—螺栓 M10×30;21—平垫10

图 1-16 液压制动器

缸体6、后盖7和前盖2分别与内齿圈3用两组螺栓连接为一体。液压制动器通过前盖2的止口与牵引部机壳连接,通过前盖2的法兰盘用4个螺栓与牵引部机壳把紧。电机齿轮轴的轴齿轮一端与制动器两组摩擦片组1的内齿轮连接。

液压控制油受一个制动电磁阀控制,当牵引速度为零或电气控制发出制动信号时,制动电磁阀断电复位,制动器内的压力油经电磁阀回油池,制动器处于制动状态,采煤机刹车。

技术特征:最小松闸压力:1.6~2.0MPa。

动制动力矩:≥500N·m。

静制动力矩:≥700N·m。

(2)机械释放(松闸)。若液压系统发生故障或检修拆卸,液压制动器可用机械方式释放。方法:把两个螺栓20拆下,把两个对称的螺塞15拆下,用两个螺栓20拧入活塞10的M10螺孔中,活塞10被提起,制动器即被释放。

注意:当工作面倾角≤12°时,建议将液压制动器用机械方式释放(松闸),以消除采煤机换向时经常制动发热及摩擦片磨损消耗。

(3)拆卸。拆卸时应均匀松开联结后盖12的16个螺栓,缓慢均匀地释放弹簧的预压力,注意防止弹力伤人事故。更换摩擦片或密封圈13、16时才需拆卸,摩擦片组件3一般成组更换,也可以只更换摩擦片与钢质圆盘的铆接件。

(4)维护。经过长期或频繁操作后,活塞及缸体的密封13、16处可能发生少量漏油现象,使用过程中每周检查一次漏油情况,拆下螺塞7并检查,若漏损严重,需更换O形密封圈13、16。

每月检查一次摩擦片的磨损情况,新制动器活塞释放行程为2mm,对应图中h尺寸为15mm,测量无油压状态下h尺寸,即可知摩擦片的磨损程度。检查方法:拆去后盖10上与活塞 10 上 M10 螺孔不对应的一个 M10×1 螺塞,用深浅尺测量 h 尺寸,若磨损程度达到 4mm 以上(即 h≥19mm),即应更换摩擦片。

(5)故障处理。制动力矩减小:摩擦片磨损过大,更换摩擦片。

制动器过热:控制压力低,调整液压系统控制压力。

密封圈 11、12 处严重漏油:释放行程不足,更换密封圈。

(6)重要提示。本制动器用于采煤机牵引箱,可防止采煤机在坡度较大的工作面上停止时因机重而自动下滑的倾向,它只起到机器停止后的止动作用,保持机器静止不动。不能用于制动运动着的机器吸收机器运行中所发生的动能,但偶尔的"紧急停车"除外(每次紧急停车后应及时检修制动器)。经常的紧急停车把它当作制动闸用将促使闸片急剧磨损、发热、冒烟甚至起火,这样不但损坏制动器,而且对工作面也非常危险。为了机器和工作面的安全,用户必须根据工作面的实际条件,采取得力的措施保证机器的安全运行。任何违规使用和操作及有损性能安全方面的改造和使用假冒配件等行为都是应该避免的。

5. 润滑

牵引部齿轮减速箱的传动齿轮和轴承采用飞溅式润滑,齿轮箱内注入 N320 齿轮油,机身处于水平状态时,油面高度距机壳上平面 380~400mm,在左右牵引部靠摇臂端的老塘侧设有油位窗口,可观察和测量油位高度。在油位窗口(油标)上面和煤壁侧上部各设置一个透气塞,在机壳煤壁侧的底部有一个放油孔和螺塞,机壳上平面设有加油孔及螺塞。

润滑油牌号:N320 中负荷工业齿轮油 GB5903-86。

该润滑油主要性能:黏度代号 N320;40℃ 运动黏度(单位:mm/s):288~352;黏度指数不小于 90;闪点(开口)℃不低于 200;凝点不高于 -8℃(倾点)。

(六)截割机构

1. 截割机构的组成

截割机构由左右摇臂、左右滚筒组成,其主要功能是完成采煤工作面的落煤,向工作面运输机装煤和喷雾降尘。左右摇臂完全相同,摇臂内横向安装一台 400(500)kW 截割电机,其动力通过两级直齿轮减速和两级行星齿轮减速传给出轴方法兰驱动滚筒旋转。

摇臂减速箱设有离合装置、冷却润滑装置、喷雾降尘装置等(图 1-17)。

摇臂减速箱壳体与一连接架铰接后再与牵引部机壳铰接,通过与连接架铰接的调高油缸实现摇臂的升降。摇臂和滚筒之间采用方榫连接。

2. 截割机构的机械传动

(1)传动系统。截割电机空心轴通过扭矩轴花键($m=5, z=16$)与一轴齿轮连接,将动力传入摇臂减速箱,再通过 Z14、Z15、Z16、Z17~Z21 传递到双级行星减速器,未级行星减速器行星架出轴渐开线花键($m=5, z=72$)与方法兰(500×500)连接驱动滚筒。

截割机构的总传动比 $i=53.02$。当电机转速为 1470r/min 时,滚筒转速 $n=27.73$r/min。

(2)主要结构。截割机构主要由截割电机、摇臂减速箱、滚筒等组成,机构内设有冷却系统,内喷雾等装置。

截割电机直接安装在摇臂箱体内,机械减速部分全部集中在摇臂箱体及行星机构内。摇臂通过销轴与连接架铰接,然后再与牵引部机壳铰接。摇臂通过连接架回转臂上的销轴与安装在牵引部上的调高油缸缸座铰接,通过油缸的伸缩,实现截割滚筒的升降。

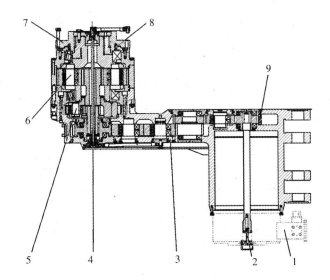

1—截割电机;2—离合器组;3—臂身减速箱;4—中心水路(内喷雾管路);5—第一级行星减速机构;
6—第二级行星减速机构;7—方法兰;8—浮动密封;9—臂身冷却管路(外喷雾管路)

图 1-17 摇臂

截割机构具有以下特点:

①摇臂的回转采用铰轴结构,没有机械传动。

②摇臂减速箱机械传动都是简单的直齿轮传动,结构简单,传动效率高。

③截割电机和摇臂主动轴齿轮之间,采用细长扭矩轴连接,可补偿电机和摇臂主动轴齿轮安装位置的小量误差。在扭矩轴上设有V形剪切槽,当扭矩轴受到较大的冲击载荷时,剪切槽切断,对截割传动系统的齿轮和轴承及电机起到保护作用。

④摇臂机壳内外均设有水道,水道在外喷雾降尘的同时对摇臂减速箱起到冷却作用。

⑤摇臂行星传动与臂身直齿轮传动分油池的润滑,保证了行星头部分的润滑,使整个传动系统的润滑效果较好。

⑥摇臂减速箱内的传动件及结构件的机械强度设计有较大的安全系数。

截割电机(图 1-18):截割电机为矿用隔爆型三相交流异步电动机。截割电机可用于环境温度≤40℃、有甲烷或煤尘爆炸危险的采煤工作面,采用卧式安装在摇臂减速箱上,中间空心轴由内花键与细长扭矩轴相连,通过外壳水套冷却。

安装时,注意使电机冷却水口与摇臂壳体相对,接线盒为左右对称结构,使左、右截割电机通用,接线喇叭口可以改变方向,方便引入电缆。拆卸时,可以利用电机连接法兰上的顶丝螺孔顶出,从老塘侧抽出。

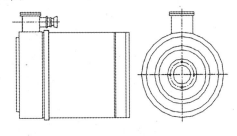

图 1-18 截割电机

注意:开机前应先检查冷却水的水压水量,先通水后启动电机,严禁断水使用。当电机长时间运行后停机时,不要马上关闭冷却水。发现有异常声响时,应立即停机检查。

摇臂减速箱(图 1-17):摇臂减速箱主要由壳体、一轴、第一级减速惰轮组、二轴、第二级减速惰轮组、中心齿轮组、第一级行星减速器、第二级行星减速器、中心水路、离合器等组成。截割电机出轴(扭矩轴)外花键与摇臂减速箱一轴轴齿轮内花键连接,当电机转速 $n=1470\text{r/min}$ 时,摇臂减速箱输出轴转速(滚筒转速)为 $n=27.73\text{r/min}$。在截割电机尾部设有齿轮离合器,可使摇臂的传动接通或断开。离合器为推拉式,由人工操作。由于摇臂在工作时一般都不呈水平状态,而采用飞溅润滑方式,为了使行星头中有足够的润滑油,所以将摇臂分为两个润滑油池。在中心齿轮组大齿轮上装置两对骨架油封,当滚筒升高时,行星头油池中的油不会流入摇臂体油池,保证了行星头两级行星减速器齿轮和轴承有良好的润滑。当滚筒落下时,摇臂体油池中的油也不能进入行星头油池,保证了行星头两级行星减速器齿轮有良好的润滑,避免行星头中因油过满而发热。

壳体为直摇臂形式,将壳体铸成整体。有利于提高整体强度。在机壳内腔壳体表面设置有八组冷却水管,壳体外表面设置有冷却水槽,以实现水的流动冷却,同时又提供内、外喷雾的通道。左右壳体完全相同,摇臂内的所有零部件和摇臂大部件都左右通用。

一轴(图1-19)主要由轴齿轮、轴承、端盖(轴承座)、密封座、铜套、密封件等组成。与截割电机空心轴以花键连接的扭矩轴通过 INT/EXT16Z×5m×30p×6H/6h 花键与一轴轴齿轮相连。所有零件成组或分步地自煤壁侧装入壳体。

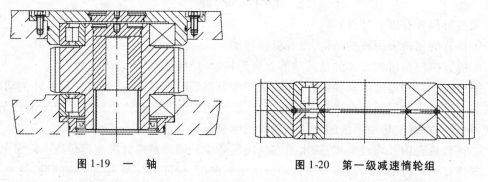

图1-19 一轴　　　　图1-20 第一级减速惰轮组

第一级减速惰轮轴组由齿轮、轴承、距离垫、挡圈等组成(图1-20),先成组装好,再与惰轮轴一起装入壳体。

二轴主要由轴齿轮、齿轮、轴承、端盖、距离套、密封圈等组成(图1-21),成组或分步自煤壁侧装入壳体。

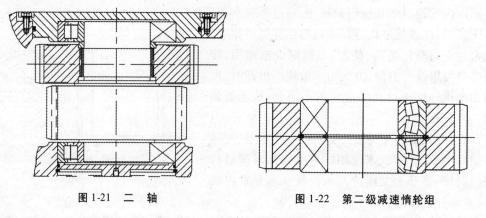

图1-21 二轴　　　　图1-22 第二级减速惰轮组

第二级减速惰轮组由齿轮、轴承、挡圈、距离垫等组成,图1-22先成组装好,再与惰轮轴一起装入机壳。该惰轮组每一个摇臂有两组。

中心齿轮组主要由轴齿轮（$m=10$、$z=40$）、太阳轮（$m=7$、$z=19$）、两个轴承座、两个轴承和四个骨架油封等组成（图1-23）。轴齿轮两端由两个轴承支承，太阳轮通过花键与轴齿轮相连，并将动力传递给第一级行星减速器。

安装中心齿轮组时应按内轴承座（含油封、轴承）、轴齿轮组（含太阳轮）、外轴承座（含轴承、油封）的顺序依次自老塘侧装入机壳内。在轴齿轮两端设有两组共四个骨架油封，其作用是隔离行星头油池和臂身油池，保证无论摇臂在任何位置，行星头都有润滑油，臂身油液不会流入行星头，避免搅油损失大，行星头发热。

第一级行星减速器主要由内齿圈、行星架、太阳轮、行星轮及轮轴、行星轮轴承、两个距离垫等组成（图1-24）。该行星减速器为三行星轮结构，太阳轮浮动，行星架靠两个铜质距离垫轴向定位（图1-17），径向有一定的配合间隙，因而行星架径向也有一定的浮动量。安装时，先将内齿圈和一个铜质距离垫装在机壳内，然后其余件成组（行星架、行星轮、太阳轮等）自煤壁侧装入。

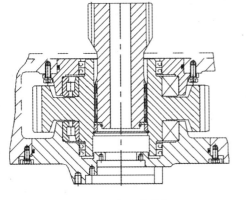 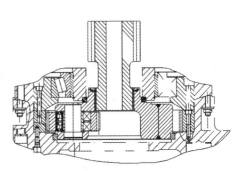

图1-23 中心齿轮组　　　　　　图1-24 第一级行星减速器

第二级该行星减速器为截割传动的最后一级减速，主要由行星架、内齿圈、行星轮、行星轮轴及轴承、支承行星架的两个轴承、轴承座、连接法兰、滑动密封圈及一些辅助件和密封件等构成（图1-25），该行星减速器为四行星轮结构，太阳轮浮动，行星架一端通过轴承HM266449/HM266410和轴承座支承于摇臂壳上（图1-17），另一端通过轴承M268749/M268710支承于轴承杯上，轴承杯和内齿圈通过螺栓、销子与摇臂壳紧固为一体。

行星架输出端部通过花键与联结方法兰连接，该联结方法兰的外端有与滚筒连接的方块凸缘（$500mm\times500mm$），在联结方法兰和密封盖之间装有滑动密封圈，以防止行星头油液外漏。安装时，除内齿圈外，可以成组装配好后自煤壁侧装入，也可以将行星架与行星轮安装成套后分步装入。

由于行星减速器为四行星轮结构，在制造和安装方面比三行星轮结构的要求要高，否则会造成均载性能差。

在组装行星轮和行星架时，需注意以下几点：

① 选用四个行星轮的内孔偏差要一致。

② 齿轮的节圆与内孔具有较好的同心度。

③ 行星轮内的弹性挡圈不能过硬，以防在使用时挡圈断裂，碎片卡坏轴承。在安装时，

要用钳子送到位,不要在还未到位时用锤子敲入,以防挡圈出现裂纹等缺陷。

④行星架与行星轮装好后,在与内齿圈装配前要测量四个行星轮的径向跳动,并在齿轮的径向跳动量最大处作一标记,然后使其都朝外装入内齿圈,以提高四个行星轮的均载效果。

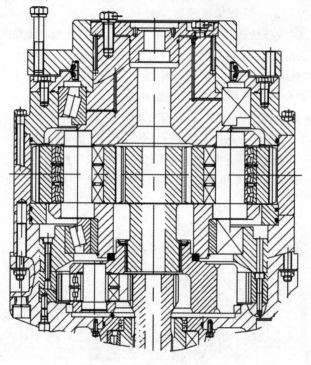

图 1-25　第二级行星减速器

中心水路(内喷雾供水机构)(图 1-26):行星减速器装完后,开始安装内喷雾中心水管。不锈钢送水管右端在插入通水座时,管上的突缘要对准通水座的槽口,使送水管和行星架、滚筒一起转动。送水管左端通过轴承 1305 支承在轴承座内。为了防止水进入摇臂壳内,在水封后面加上泄漏环和油封,泄漏的水经泄漏环、水封座流出槽外。内喷雾水从水封座进入送水管。送水管出口端通过软管与滚筒内喷雾进水口连接。

离合器(图 1-27):截割机构的离合器安装在截割电机的尾部,主要由离合手把、压盖、转盘、推杆轴、扭矩轴等组成。其中细长扭矩轴为主要零件,其一端通过渐开线花键与电机空心轴相连,另一端通过渐开线花键与一轴相连,并通过轴承、螺母等与推杆轴相连。

在操作离合器时,拉动离合手把使扭矩轴在拉力作用下移动,行程 80mm,使扭矩轴与一轴花键的连接脱离,此时转动手把,通过转盘两个凸爪和压盖上的圆形槽定位。相反,复位时转动手把,脱离定位,推动手把,使扭矩轴在推力作用下移动,行程 80mm,与一轴内花键盘完全相连。当需要更换扭矩轴时,只需拆掉压盖和小端盖,就可从老塘侧抽出扭矩轴。

滚筒:MG400/930-WD 和 MG500/1130-WD 型交流电牵引采煤机的适宜滚筒直径为 ϕ1800mm 或 ϕ2000mm,截深为 800mm 左右。

滚筒结构组成:滚筒主要由滚筒体、截齿、截齿固定装置和喷嘴等组成。滚筒体为焊接结构,主要由端盘板、螺旋叶片、筒毂、连接方法兰、齿座和喷嘴座等零部件组焊而成。根据不同工作面的煤层地质条件,可以配置镐形截齿或刀型截齿等不同技术特征的滚筒。

叶片出煤口处焊接有耐磨板或堆焊有耐磨材料,以提高滚筒的使用寿命。连接方榫为 500mm×500mm。

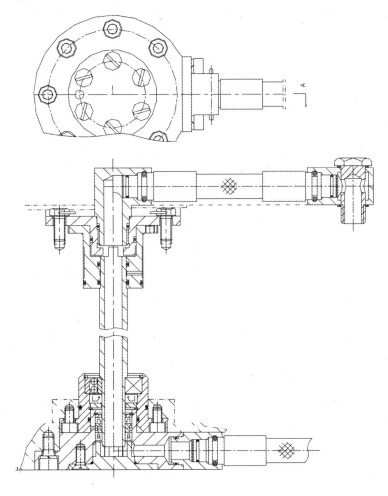

图 1-26 中心水路

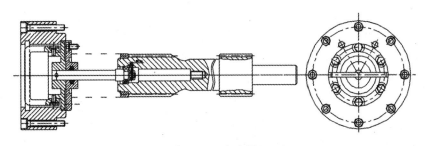

图 1-27 离合器

内喷雾装置:滚筒的内喷雾装置包括内喷雾供水水路、喷嘴座、喷嘴等。内喷雾供水水路由连接方法兰盘中的通水孔槽、叶片内缘的环形水槽、U 形管和端盘板、叶片中的径向孔等组成。

由于滚筒以及截齿、喷嘴均属易损件,正确维护和使用滚筒对延长其工作寿命和提高截割效率是十分重要的,所以开机前必须做到如下几点:

①检查滚筒上截齿和喷嘴是否处于良好状态,若发现截齿刀头严重磨钝,应及时更换,若喷嘴被堵,应及时更换。换下的喷嘴经清洗后可再次使用。

②检查滚筒上的截齿和喷嘴是否齐全,若发现丢失,应及时补上。

③截齿和喷嘴的固定必须牢靠。

④检查喷嘴及系统管路是否漏水,水压是否符合要求。

⑤检查固定滚筒用的螺栓是否松动,以防滚筒脱落。

⑥采煤机司机在操作时,要做到先开水,后开机;停机时先停机,后停水;并注意不让滚筒割到支架顶梁和输送机铲煤板等金属件。

(3)截割机构的润滑。摇臂机壳和行星减速器这两部分互相分隔,各自使用独立的油池,均采用飞溅方式润滑,加注 N320 齿轮油。油位要求:在摇臂水平时,摇臂身油池的油位在摇臂惰轮轴中心线以下 80~100mm,在摇臂身老塘侧设有油标,可方便地观察或测量。行星减速器油池在摇臂行星头上方老塘侧设有油位标尺,旋下标尺螺塞,可观察油面位置,油位应在油位标尺规定的最高油面和最低油面之间(上下浮动 45mm)。

在摇臂身老塘侧上方和上平面设有透气塞、加油阀、加油孔,下方设有放油塞。在摇臂行星头上方设有加油塞,下方设有放油塞。

润滑油牌号:N320 中负荷工业齿轮油 GB5903-86。

该润滑油主要性能:黏度代号 N320。

40℃运动黏度:288~352mm^2/s。

黏度指数:不小于 90。

闪点(开口):不低于 200℃。

凝点:不高于 -8℃。

摇臂部件在采煤机两端可以通用互换。当摇臂左、右互换时注意:设在摇臂行星头和摇臂身的油位标尺、透气塞、加油阀要进行换位改装,保证油位标尺、透气塞、加油阀处于上方。

(七)调高液压系统

1. 调高液压系统

调高液压系统及其元部件是为实现采煤机滚筒的调高需要而设置的。调高液压系统的原理如图 1-4 所示。液压系统元部件由电动机、双联齿轮泵、摇臂调高油缸、吸油过滤器、精滤油器组件、多路换向阀组件、两个电磁阀组件、制动电磁阀、冷却器、空气滤清器、压力表及油箱、管路系统等组成。

除了调高油缸及其液压控制阀(平衡阀)外,其余所有液压元部件均安装于调高泵箱内(图1-28)。调高泵箱为一独立的部件,主体为焊接结构的油箱和电机箱,在箱体上平面设置一抽屉板,所有液压元组件和管路均在该抽屉板上固定和连接。独立的调高泵箱部件自老塘侧装入左牵引部右端的框架内。

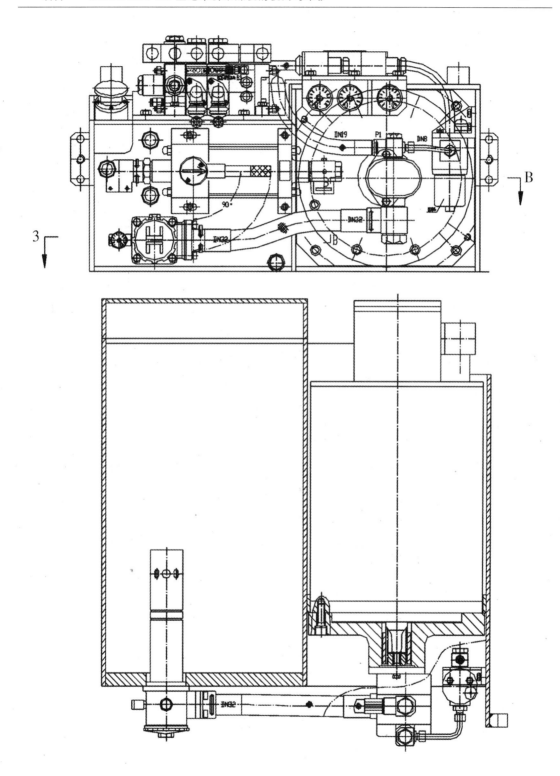

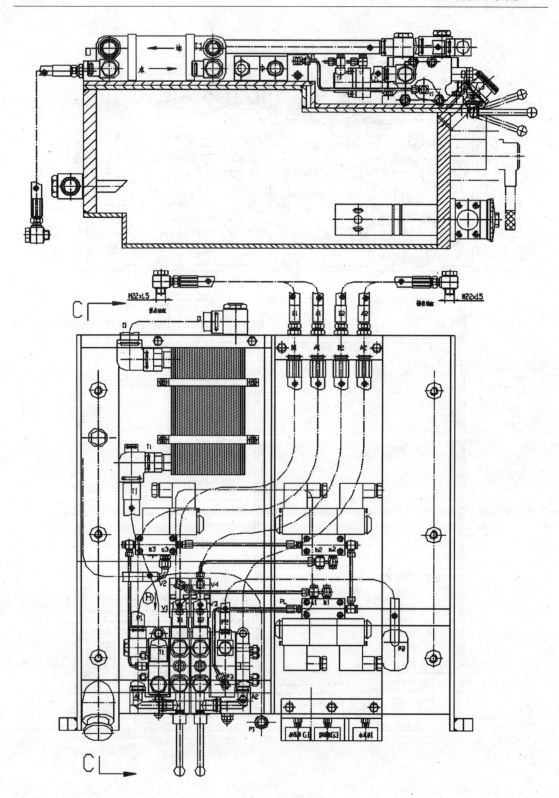

图 1-28 调高泵箱

调高泵箱液压油箱内注入 N100 抗磨液压油,注油量为 100L,在泵箱的老塘侧设有 3 个油窗,下方的一个油窗是油箱的最低油位,采煤机在正常工作时,油面应到该油窗位置,如不到应予以补充。箱体的正面左下方设有放油孔,在箱体的上平面设置有空气滤清器(透气孔),加油时将该滤清器拆下,从该处加油。

泵箱内注入液压油牌号:YB N100(N100 号抗磨液压油)GB2512-81。

该润滑油主要性能:黏度代号 N100,40℃时运动黏度为 90~110 mm^2/s。

两个摇臂调高油缸的活塞杆端与左右牵引部下的支座铰接,缸体端与左右摇臂连接架铰接。

2. 调高液压系统工作原理

由 20kW 电动机驱动调高双联齿轮泵(大泵 25ml/r,小泵 10ml/r)运转,齿轮泵通过吸油滤油器自油箱吸油,在未操作摇臂调高换向阀状态下,大泵排油经两个调高换向阀回油池,小泵排油经背压阀回油池。此时摇臂调高油路高压表显示约 1.6MPa,控制油路低压表显示为 2MPa。当操作一个调高换向阀时,即操作左或右滚筒升降时,大泵排油经调高换向阀进入调高油缸,调高油缸排油腔的油液经调高换向阀回油池,直到调高换向阀停止操作,即滚筒调整到位为止。在大泵排油油路上设置有防止泵和系统压力过载的安全阀、高压表,在油缸入口前设置有平衡阀,以保证滚筒锁定在需要的高度位置及滚筒下降不爬行(注:两个调高换向阀应单独操作,两个滚筒不能同时升降)。

在小泵的回油路上串接的低压溢流阀调定压力为 2MPa,这样只要小泵运转,在该阀的前端始终保持 2MPa 的恒定压力。该压力油源用于多路换向阀电液控制的控制油源和液压制动器的控制油源。

3. 调高液压系统元件

(1)多路换向阀组件(图 1-29)。多路换向阀组件是滚筒调高的控制元件,它是多组三位六通手、液控换向阀组合件。

MG500/1130-WD 型交流电牵引采煤机使用的是两组手、液控换向阀组合,用于调高油缸的调高。该多路换向阀组件的内部装有用于调高油缸系统的高压安全阀(23MPa)和一个用于产生控制油源的低压溢流阀(2MPa)以及系统中 3 个单向阀等。如图 1-4 所示,该多路换向阀型号为 DLYS30 型。

(2)电磁阀组件。电磁阀组件由阀座和 34GDFY-H6B-T 型三位四通隔爆电磁换向阀组成。该电磁换向阀是手、液控换向阀的先导阀,是为实现滚筒调高的电气控制而设置的。如图 1-28 所示。

(3)调高油缸(图 1-30)。两只调高油缸设置在左、右牵引部的煤壁侧,油缸的缸体端与摇臂、活塞杆端与牵引部箱体分别用销轴铰接,以实现左、右滚筒的调高。调高油缸由缸体、活塞杆、活塞等组成。其主要技术参数为:

行程:620mm。

缸体内径:ϕ250mm。

活塞杆直径:ϕ160mm。

工作压力:23MPa。

油缸最大推力:982kN。

油缸最大拉力:580kN。

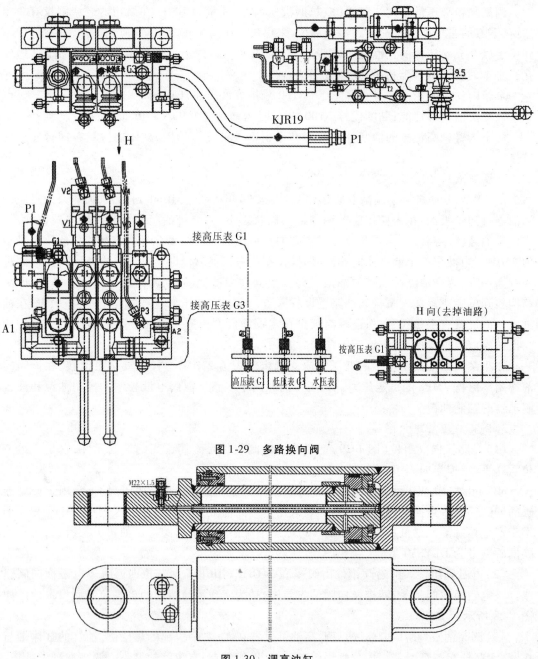

图 1-29 多路换向阀

图 1-30 调高油缸

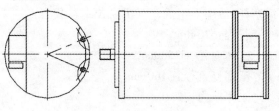

图 1-31 调高泵电机

工作原理（图 1-4）：当由换向阀 A2 口进油时，压力油经单向阀进入油缸活塞腔，推动缸体移动，摇臂升高，活塞杆腔的回油经换向阀 B2 口回油池；当由换向阀 B2 口进油时，压力油经液压锁进入油缸活塞杆腔，活塞腔的回油经换向阀 A2 口回油池,缸体缩回,摇臂下降。该油缸采用活塞杆端固定、缸体移动的运动方式。

(4)调高泵电机(图1-31)。调高泵电机为矿用隔爆型三相异步电动机,可适用于环境温度≤40℃且有甲烷或煤尘爆炸危险的采煤工作面。

主要规格及技术参数见下表。

型号	YBRB-20(A)	冷却方式	水套冷却
额定电压(V)	3300	冷却水量(L/min)	10
频率(Hz)	50	冷却水压(MPa)	≤1.5
转速(r/min)	1470		

(5)调高齿轮泵。调高齿轮泵为伯姆克公司的双联齿轮泵 P124-G25085BL54/G10NKG 型。主要技术参数见下表。

	P124-G25085BL54	G10NKG
允许最大工作压强(MPa)	25	25
额定转速(r/min)	3000	3000
每转排量(ml/r)	25	10
实际工作压强(MPa)	23	2
实际工作转速(r/min)	1470	1470

(6)自封式吸油滤油器(图1-32)。

自封式吸油滤油器适用于液压传动系统中液压泵吸油过滤,用以避免油箱内污物进入液压泵,以保持系统油液清洁,提高液压泵等元件的工作寿命和可靠性。

采煤机的自封式吸油滤油器型号为 PSB250-MZ-V1-2 型,通流量 250 L/min,过滤精度 80μm,带堵塞指示器。

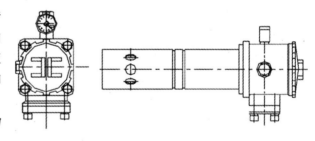

图1-32 自封式吸油滤油器

当堵塞指示器(真空表)指针处于非正常区域或真空度超过 -0.4 ~ -0.5bar 时,应及时清洗滤芯;滤芯损坏,应及时更换滤芯,以防止双联泵吸空;保持系统中油液清洁。

(7)水冷却器和压力精滤器。本调高液压系统设置有水冷却器。系统工作油液回油经水冷却器后再回油箱,防止系统油温过高,提高液压元部件的寿命。另外在小泵的排油口设置一个压力精滤器,提高系统控制油液清洁度,保证控制系统准确无误。

水冷却器型号:HEX610-70 型。压力精滤器型号:FPH-TB012 型。

(8)机外油路。机外油路是指自调高泵箱"连接块"出油口到左、右调高油缸的高压软管组件。

在安装机外油路时,需注意:不允许损坏O形密封圈,同时须有足够的弯曲半径使高压软管不蹩卡,做到排列合理、整齐、美观。

管路拆装应保证干净清洁,防止杂物从管口进入管路系统。

(八)辅助装置

MG400/930-WD 和 MG500/1130-WD 型交流电牵引采煤机的辅助装置包括机身连接、拖缆装置、冷却喷雾装置等。

1. 机身连接

采煤机机身连接(图 1-33)主要由平滑靴及其支撑架、液压拉杠、高强度螺栓、高强度螺母、调高油缸、铰接摇臂的左右连接架以及各部位连接零件等组成。

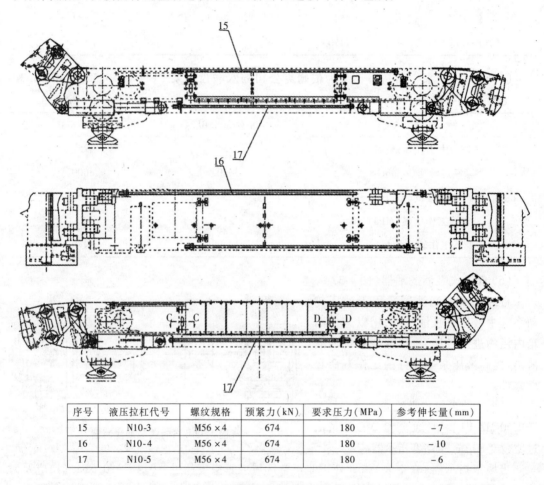

序号	液压拉杠代号	螺纹规格	预紧力(kN)	要求压力(MPa)	参考伸长量(mm)
15	N10-3	M56×4	674	180	−7
16	N10-4	M56×4	674	180	−10
17	N10-5	M56×4	674	180	−6

图 1-33 机身连接

(1)该型交流电牵引采煤机采用无底托架总体结构,其机身由三段组成,三段机身连接以液压拉杠连接为主,在四条液压拉杠和多组高强度螺柱、螺母的预紧力作用下,将采煤机三段机身连为一个刚性整体。四条液压拉杠的各项参数如图 1-33 所示,液压拉杠连接工作原理如下(图 1-34):在液压拉杠两端分别安装高强度螺母,其中一端再安装液压拉紧装置。液压拉紧装置在高压手动泵超高压油的作用下,使液压拉杠拉长一定尺寸,接近其材料的弹性极限,这时在高强度螺母和机壳紧固。端面之间产生一个间隙。拧紧高强度螺母,消除间隙,再卸去液压力,去掉拉紧装置,此时液压拉杠不能回缩,从而达到预期的紧固和防松目的(图 1-35)。

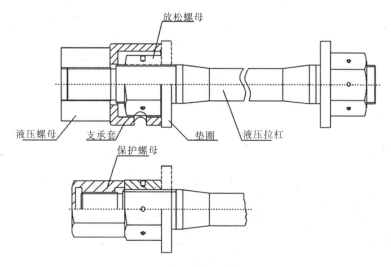

图 1-34 液压拉杠连接工作原理

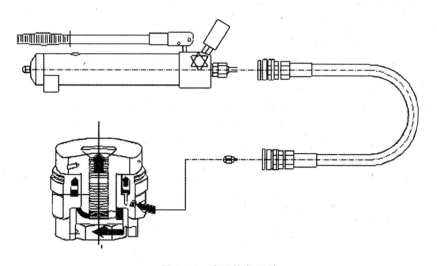

图 1-35 液压拉紧系统

注意事项：液压拉杠在紧固之前，高强度螺母在液压拉杠的端头螺纹上必须转动灵活。紧固分两步进行，先用50%的压力使四条液压拉杠将三段箱体连成整体，然后再用接近所要求的压力紧固，并防止压力超限。拆卸液压拉杠时，瞬时压力可达到所要求的压力值，防止压力严重超限。

(2) 左右摇臂减速箱壳体分别与左右连接架用销轴铰接；左右摇臂壳体、左右连接架用销轴与左右牵引部铰接；左右连接架回转支臂耳与调高油缸缸体用销轴铰接。左右摇臂可互换。

(3) 根据采煤机工作面三机配套的需要，可以方便地改变平滑靴组件的结构和尺寸，以适应与各种型号工作面运输机配套的要求。

2. 拖缆装置

拖缆装置用一组螺栓固定在采煤机中部连接框架的上平面上(图1-36)。

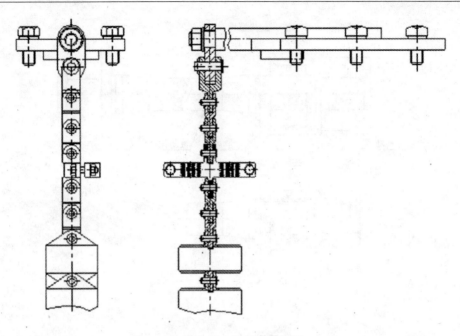

图 1-36 拖缆装置

采煤机的主电缆和水管从顺槽进入工作面。从工作面端头到工作面中点的这一段电缆和水管固定铺设在输送机电缆槽内,从工作面中点到采煤机之间的电缆和水管则需要随采煤机往返移动。为避免电缆和水管在拖缆过程中受拉受挤,可将它装在一条电缆夹板链中。该机主电缆为一根 95 平方隔爆橡胶电缆,进水管通径为 32K1 标准。

3. 冷却喷雾装置(图 1-5)

(1)冷却喷雾系统。来自泵站 250L/min 的高压水,由软管经拖缆装置进入安装在泵箱正面的反冲洗过滤器中,由反冲洗过滤器进入安装在左牵引部煤壁侧的水分配阀,由水分配阀分出六路水,其中两路分别从左、右摇臂进入滚筒内喷雾及左右摇臂的水冷却系统后进入外喷雾。第三路水进入左牵引电机和泵电机(并联)冷却,出来后进入流量传感器(流量开关),从流量传感器(流量开关)出来再进入左截割电机冷却,然后泄出。第四路水进入变压器箱和右牵引电机(并联)冷却,出来后进入流量传感器(流量开关),从流量传感器(流量开关)出来后进入右截割电机冷却,然后泄出。第五路水进入泵箱冷却器,出来后进入左摇臂水冷却系统后进入外喷雾。第六路水进入变频器箱冷却(两个变频器水道串联),出来后进入流量传感器(流量开关),然后泄出。

注意:两路冷却电机的进水口和冷却变频器箱的进水口均设有安全溢流阀,调定压力为 1.5MPa,以保护电机冷却水套及变频器冷却水道的安全。进入牵引电机、截割电机、变频器箱的三路水管路中均设有流量传感器,以控制和检测各冷却水量是否符合要求。

反冲洗过滤器(图 1-37):反冲洗过滤器包括过滤元件前的关闭阀,不仅可以用来隔离系统,而且能提供截止阀装置,运用棘轮功能控制处理,确保反冲洗阀每次可以正常从"ON"切换至"OFF"。

工作人员通过对四位棘齿把手的单向90°反运转操作,按步骤自动完成冲洗。该产品的主要特征是:操作人员可按顺序反冲洗滤芯,完成后才能将过滤器从"闭合"状态旋转到"开启"状态,从而实现强制性反冲。在额定流量时,压力表显示出的水压应不低于3MPa。

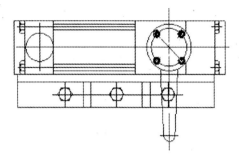

图1-37 反冲洗过滤器

内喷雾水路:由水分配阀出来的左、右内喷雾水通过左、右摇臂和内喷雾供水装置,进入滚筒中的流道,最后经叶片及端盘上的喷嘴喷出并灭尘。

(2)配套设备。为了使采煤机喷雾冷却系统正常工作,工作面必须具备有效的供水系统。在供水量、水压和水质方面都要满足采煤机喷雾冷却系统的要求。当供水压力不能满足喷雾要求时,可以在采区顺槽设置喷雾泵站。

(3)使用注意事项。

①对喷雾系统进行日常维护,每天至少检查一次各喷嘴情况,如有堵塞或丢失,应及时处理。

②注意内喷雾供水装置密封端盖的泄漏孔,如发生线状漏水现象,应及时查明原因,必要时更换水封。

③电机进水口安全阀整定压力为1.5MPa,在运行过程中,如发现安全阀开启,应及时查清原因并处理。

④定期检查和清洗水阀的过滤器。

⑤从喷雾泵站至采煤机输水胶管的各连接处应密封良好,不得有渗漏现象。当采煤机有连续半小时以上时间停机时,应关停喷雾泵站。

(九)采煤机电气

MG400/930-WD和MG500/1130-WD型交流变频调速电牵引采煤机的电气控制部分,是该采煤机的一个主要组成部分。该部分结构由三个独立的电控箱共同组成,系统上采用了可编程控制器(PLC),可以直接转矩(DTC)变频调速技术和信号传输技术,来共同控制2台400(500)kW的截割电机、2台55kW的牵引电机和1台20kW的泵电机的运行状态,使采煤机控制和保护性能完善,操作方便、安全、可靠。牵引驱动系统采用了"一拖一"形式,即两个变频器分别拖动两个牵引电机,从而提高了采煤机牵引行走的可靠性。

主要用途:该部件由3个独立的电控箱N04、N05、N06共同组成,其中N04为高压开关箱,此箱主要为整个采煤机提供3300V电源;N05为变频器箱,此箱主要用于采煤机的控制,可以控制采煤机的左右行走速度、左右滚筒的升降,以及左右截割电机的分别启动和停止;N06为变压器箱,其中的变压器将3300V电压变为400V电压,为变频器提供了电源。

四、任务实施

(1)熟悉工作环境,了解使用设备。

(2)按照设备的摆放位置,确定相关的工作参数,如机头机尾的相对位置、煤壁及采高、工作面推进的方向等。

(3)熟悉所使用采煤机的型号、组成结构、工作性能、工作方式等。
(4)熟悉采煤机主要部件的作用及使用操作方法。
(5)了解采煤机供电系统及控制装置的作用及操作使用方法。

任务二 采煤机使用与维护

一、知识点

(1)采煤机的使用要求。
(2)采煤机的操作方法。
(3)采煤机司机的岗位职责、技能考核及标准。
(4)采煤机维护的内容。

二、能力点

(1)采煤机操作前的检查。
(2)采煤机的启动操作。
(3)采煤机的牵引操作。
(4)采煤机的换向操作。
(5)采煤机的停机操作。
(6)正确维护采煤机。

三、相关知识

(一)采煤机的使用要求

《煤矿安全规程》第六十九条规定,使用滚筒式采煤机时应遵守以下规定:

(1)采煤机上必须安装有能停止工作面刮板输送机运行的闭锁装置。采煤机因故暂停时,必须打开隔离开关和离合器。采煤机停止工作或检修时必须切断电源,并打开其磁力启动器的隔离开关。启动采煤机前必须先观察采煤机四周,确认对人员无危害后,方可接通电源。

(2)工作面遇到有坚硬夹矸或黄铁矿结核时,应采取松动爆破的措施处理,严禁用采煤机强行截割。

(3)工作面倾角在15°以上时,必须有可靠的防滑装置。

(4)采煤机必须安装内、外喷雾装置。截煤时必须喷雾降尘,内喷雾压力不得小于2MPa,外喷雾压力不得小于1.5MPa,喷雾流量与机型相匹配。如果内喷雾装置不能正常喷雾,外喷雾压力则不得小于4MPa,无水或喷雾装置损坏时,必须停机。

(5)采用动力载波控制的采煤机,当2台采煤机由1台变压器供电时,应分别使用不同的载波频率,并保证所有的动力载波互不干扰。

(6)采煤机上的控制按钮必须设在采空区一侧,并增加保护罩。

(7)使用有链牵引采煤机时,在开机和改变牵引方向前,必须发出信号,只有在收到返回信号后,才能开机或改变牵引方向,防止牵引链跳动或断链伤人。必须经常检查牵引链及其两端的固定连接件,发现问题要及时处理。采煤机运行时,所有人员必须避开牵引链。

(8)更换截齿和滚筒上下 3m 以内有人工作时,必须护帮、护顶,切断电源,打开采煤机隔离开关和离合器,并对工作面输送机实行闭锁。

(9)采煤机用刮板输送机作轨道时,必须经常检查刮板输送机的溜槽连接、挡煤板导向管的连接,防止采煤机牵引链因过载而断链;采煤机为无链牵引时,齿(销、链)轨的安设必须紧固、完整,并经常检查。必须按作业规程规定和设备技术性能要求操作和推移刮板输送机。

(二)安全操作说明

(1)遵守《煤矿安全规程》的有关规定。

(2)采煤机的操作人员必须经过良好的培训并且具备相应的资格。

(3)不管现有的预启动报警系统,司机开机前,必须确保采煤机附近没有人员工作。

(4)采煤机工作结束后,应该移动到一个适当的安全位置,两个摇臂应下降到地面。

(5)出现危急情况时,司机必须立刻使用"紧急停止"按钮关闭采煤机。

(6)"紧急停止"按钮由电控箱提供。

(7)开机前,必须检查所有的操作手把、控制按钮和"紧急停止"开关,要求其位置要准确,动作灵活而且可靠。采煤机工作前,必须检查两个滚筒的旋转方向。

(8)采煤机工作前,必须做两个滚筒的空运转试验。避免"焖车"危险。不允许在滚筒被堵塞时启动截割电机,否则会导致电机损坏。

(9)开机前,必须检查各部润滑油及供水状况,按规定进行注油及供水。

(三)采煤机司机岗位职责

(1)严格执行采煤机操作规程和有关规定。

(2)接班时应听取交班司机的介绍情况,并详细检查采煤机各部位、各系统,如有问题应处理后方可开机生产。

(3)正、副司机要密切配合,互相协作,听从跟班瓦斯检查员开、停机指挥,严格遵守通风瓦斯规定。

(4)工作中要时刻观察滚筒转动情况,监视采煤高度,严防割顶、停顶、割顶梁、割底和留底煤。

(5)要严格按照作业规程规定控制采煤机牵引速度,保持割煤与移架、推溜的距离。

(6)工作中要随时注意检查采煤机的运行状况,发现异常要停机检查处理,做好采煤机的维修保养工作。

(四)采煤机操作前的检查

(1)机器开动前所有人员必须离开机器一段距离。

(2)机械检查。

①滚筒有无卡死现象。

②各操作手把、按钮及离合器手把位置是否正常。

③油位是否符合规定要求,有无渗漏现象。

④截齿是否齐全,是否需要更换。

(3) 电器检查。

(五) 操作注意事项

(1) 先供水后开机,先停机后关水。

(2) 未遇意外情况下,在停机时不允许使用"紧急停车"措施。

(3) 随时注意滚筒位置,防止割顶梁或铲煤板。

(4) 随时注意电缆运动状态,防止电缆和水管挤压、蹩劲和跳槽等事故的发生。

(5) 注意观察油压、油温及机器的运转情况,如有异常,应立即停机检查。若液压系统控制油路压力(低压表表压)低于1.4MPa,应立即停机并检查。

(6) 经常观察油位、油温及声响,如有异常情况,应立即停车检查并即时排除故障。

(7) 较长时间停机或下班时必须断开隔离开关,把离合器手把脱开,并关闭水阀开关。

(六) 操作顺序(图1-38)

(1) 接通电气隔离开关。

(2) 开通水阀。

(3) 点动截割电机,停稳后,闭合截割部离合器。

(4) 启动截割电机。

(5) 启动牵引电机。

(6) 正、反向牵引。

(7) 正常停车:停牵引,停牵引电机,停截割电机,再停水。

(8) 紧急停车:揿"紧急停止"按钮或打开隔离开关。

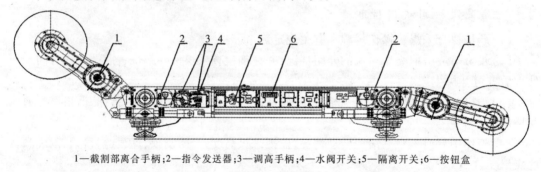

1—截割部离合手柄;2—指令发送器;3—调高手柄;4—水阀开关;5—隔离开关;6—按钮盒

图1-38 操作图

(七) 采煤机的维护保养

1. 安全维护须知

维护工作只能在采煤机停电状况下进行;此时隔离开关必须处于"断开"位置,以防止突然启动。在维护或检修前必须防止采煤机在斜坡上下滑。采煤机必须按照操作规则来吊装和运输。在维护和检修机器前须首先擦洗,尤其是各接合面螺纹连接的油渍或防腐保护层,严禁使用腐蚀性清洗剂。在维护检修时必须卸掉的安全装置在检修后应及时重新配置和检查。采煤机只有在检修完成后才能重新供电启动。

2. 警示

(1) 供电。

①只能使用额定容量熔断器。如果供电系统出现故障,应迅速给采煤机断电。
②供电系统应由训练有素的人来进行维护。
③采煤机电气设备应按规定检查。比如连接件的松动或电缆损伤应及时得到处理。
(2)液压系统。
①液压系统和水路应由具有专业经验和专业知识的人进行维护。
②定期检查所有管路、管子和螺纹连接的漏损和外伤,并及时给予修复。
③不允许带压维修液压系统和水路系统。
④确保液压管路安装正确,接头、管子的长度和质量必须符合要求。
(3)下列情况的胶管禁用:存贮时间超过2年;使用时间超过6年(其中含最大保存期2年)。
(4)除上述情况外,下列情况可使管子寿命缩短:按有关的测试和经验值制成的;由于操作环境引起寿命缩短。
(5)油、润滑脂及其他化学物品。
①当使用油液、润滑脂及其他化学物品时,应遵守与产品有关的安全规则。
②当处理很热的工作液体时,要意识到烧伤和烫伤的危险。

3. 储存

(1)采煤机及其零部件应储存于通风、干燥的仓库内。
(2)采煤机及其零部件外露的加工面应涂以防锈油,并用油纸覆盖。
(3)橡胶密封件、各种高压胶管、各种电缆应在库房内储存。库房内空气中不应含有酸性、碱性或其他腐蚀性物质,应避免太阳光照晒,以免引起过早老化。胶管的接口需用塑料帽或塑料塞堵好,防止灰尘杂质进入。
(4)采煤机冷却喷雾系统水管中的积水应放净,用风管吹干,并将接口封堵,避免在低温环境中结冰以及灰尘杂质进入。

4. 工作液体

(1)处理工作液体造成的危害。
①皮肤接触。
a. 尽可能避免扩大或重复接触。
b. 接触后用肥皂和水来清洗身体的接触部位。
c. 需要时可穿上耐油保护服。
d. 不要用石油、溶剂及乳化剂洗手。
②触及眼睛。用水彻底清洗眼睛。如眼睛有不适,应及时地看眼科医生。
③环境危害。工作液会污染环境,应避免其进入大气、土壤和水中。
(2)各部件注油量。

部位	工作液体/润滑脂	注油量
摇臂身油箱	N320 齿轮油	摇臂水平时,在摇臂惰轮轴中心线以下 80~100mm
摇臂行星头	N320 齿轮油	在油位标尺规定最高油面和最低油面之间(上下浮动 45mm)

续表

部位	工作液体/润滑脂	注油量
调高泵箱	YB-N100 抗磨液压油	100L,油面至最低油窗
牵引部油箱	N320 齿轮油	机身水平时,油面高度距机壳上平面 380~400mm
行走箱轴承	2号极压锂基润滑脂	定期加注,每轴承两油枪

5. 维护周期

机械部分的维护

维护项目	维护点		维护周期			备注	参见章节
			每次换班后	每隔 300~500h 或 1 个月	半年		
检查工作油液	牵引部油箱						
	调高泵箱						
	摇臂	摇臂身油箱					
		行星头油箱					
更换工作油液	牵引部油箱			第一次更换			
	调高泵箱						
	摇臂	摇臂身油箱		第一次更换			
		行星头油箱		第一次更换			
换过滤器滤芯	调高泵箱	吸油滤芯 80μm				按需要	
		压油滤芯 10μm				按需要	
检查液压拉杠的松紧	整机	液压拉杠(连接)				3~6个班第一次后每3个月一次	
检查螺栓的张紧力	行走机构	螺栓				每周一次	
检查螺钉	摇臂铰接轴	螺钉				每周一次	
检查制动闸	牵引部	牵引制动闸				磨损超过毫米更换摩擦片	
测量磨损	行走机构等	导向滑靴				按需要	
		齿轨轮				按需要	
		平滑靴				按需要	

续表

维护项目	维护点		维护周期			备注	参见章节
			每次换班后	每隔300~500h或1个月	半年		
重新润滑	行走机构	齿轨轮轴承				每周	
		驱动轮轴承				每周	
其他	滚筒	检查截齿、齿套和齿座的外部损伤				每日	
		检查喷雾性能				每日	
		检查滚筒连接				每周	
		检查水分配阀及管子的漏损				每周	

注：机器大修时，应更换润滑油。

四、任务实施

1. 启动操作

(1) 解除电气闭锁及接通电源。

(2) 发出开机报警信号。

(3) 打开供水阀，使其喷雾洒水。

(4) 启动采煤机液压泵站。

(5) 拾起左右滚筒，脱离底板支撑。

(6) 启动滚筒电动机及检查转向，设有离合器的采煤机，应先停止电动机的转动，当电动机将要停止转动时，再将离合器手把闭合，然后再启动采煤机。

2. 牵引操作

(1) 先确定需要牵引采煤机的方向。

(2) 调整采煤机两滚筒到工作位置（一般前滚筒割顶煤，后滚筒割底煤）。

(3) 慢速牵引采煤机开始牵引。

(4) 提高采煤机的牵引速度，达到正常的工作要求。

3. 换向牵引操作

(1) 逐渐减小采煤机的牵引速度，直到停止采煤机的牵引。

(2) 调整采煤机两滚筒到工作位置。

(3) 慢速牵引采煤机开始牵引。

(4) 提高采煤机的牵引速度，达到正常的工作要求。

4. 一般停机操作

(1) 接到收工命令后，将采煤机牵引到切口处或无淋水、支架完好处停止牵引。

(2) 待滚筒内煤排净后，停止滚筒转动。

(3) 将两滚筒降落到底板上，停止液压泵站的运转。

(4)切断电源,把隔离开关和操作手把置于中间位置,关闭供水总阀。
(5)清扫机器各部煤尘,填写采煤机工作日志。

任务三 采煤机安装与试运转

一、知识点

(1)采煤机的安装方法。
(2)质量标准。

二、能力点

解体组装操作。

三、相关知识

(一)安装前的准备工作

1. 场地准备

(1)开好机窝。一般机窝在工作面上端头运料道口,长为15~20m,深度不小于1.5m。
(2)确定工作面端部的支护方式,并维护好顶板。
(3)在对准机窝运料道上帮硐室中装一台14t回柱绞车,并在机窝上方的适当位置固定一个吊装机组部件的滑轮。

2. 工具准备

(1)撬棍。准备3~4根,长度0.8~1.2m。
(2)绳套。其直径一般为16~18.5mm,长度视工作面安装地点和条件而定,准备1~1.5m长的绳套3根、2~3m长的绳套3根及0.5m的短绳套若干根。
(3)万能套管。既有用于紧固各部螺栓(钉)的套管,又有拆装电动机侧板和接线柱的小套。
(4)活扳手和专用扳手。同时要准备紧固螺栓(钉)的开口扳手和加力套管。
(5)一般需准备5~8t的液压千斤顶2~3台。
(6)其他工具。如手锤、扁铲、锉刀、常用的手钳、螺丝刀等。
(7)手动起吊葫芦。一般用2.5t和5t的各2台。

(二)井上检查与试运转

采煤机出厂时已做过部件和整机出厂试验。机器到矿后,无特殊原因不要重新拆装。由于经过途中运输,在下井前还必须进行检查和试运转。在试运转前,首先需检查机器各部位是否正常,有无缺损,外接管线有无挤压碰撞损坏;再检查各部件连接部位有无松动,油位是否正确,手把是否灵活、可靠;然后骑上输送机,接通水电进行整机空负荷运行。在试运转过程中,观察各部分声响、发热情况、密封情况、操作状况及与输送机配套情况等,并作必要的改装或修配,务必做到把隐患消除在下井之前。

在井上检查和试运转采煤机以及对司机进行培训,都需要采煤机不断地在运输机上来回行走。由于采煤机在井上行走与井下工况截然不同,在井上行走时无煤粉的润滑,处于完全干摩擦状态,会导致导向滑靴和平滑靴的堆焊耐磨层快速磨损。因此采煤机在井上来回行走时,对于导向滑靴和平滑靴的导向面、接触摩擦面以及齿轨轮轮齿面须采取有效的润滑措施(如人工加黄油、机油润滑等)。

(三)采煤机零部件销轴装配中的注意事项

所有采煤机的销和轴在装配、维修过程中,装入前均需涂上防锈脂,防止销轴和销孔结合面生锈,不便拆卸,影响以后的大修以及其他零部件的更换。

1. 检查的主要内容

(1)各零部件是否完整无损。

(2)所有紧固件是否松动。尤其要检查4条液压拉杠和液压螺母连接部位是否打压锁紧。

(3)外接油管、水管、接头是否拧紧,有无渗漏。

(4)各箱体是否漏油、漏水,油位是否正确。

(5)各手把、按钮是否灵活、可靠。离合器手把位置是否正常。

(6)遥控器电源是否充满电。

2. 试运转

(1)采煤机骑在铺设好的工作面输送机上,接上水电进行整机空负荷运行。先点动,待正常后开车并观察各部分的声响、发热、密封等状况。

(2)对司机进行操作培训。

(3)检查采煤机、工作面输送机和液压支架的配套关系,必要时作一些改装或修配,务必把隐患消除在下井之前。

(四)解体下井运输

在条件许可时,应尽量减少分解后的件数,并根据组装程序确定下井的先后顺序。

(1)整机解体。建议本机解体为五段,即左牵引部(含调高泵箱)、右牵引部(含变压器箱)、连接框架(含开关箱、变频器箱)、左摇臂、右摇臂。

MG400/930-WD和MG500/1130-WD型电牵引采煤机解体下井时最好拆解为以下五大部分,每部分的重量、最大外形尺寸及组成如下:

①左牵引部组重10.8t,最大外形尺寸2485mm×1314mm×1480mm(如果机组与800mm槽宽的运输机配套,则左牵引部组重量增加至11.8t,最大外形尺寸为2485mm×1414mm×1480mm),由可拆解的以下组部件组成:

a. 左牵引部:6.5t。

b. 调高泵箱:0.8t。

c. 行走箱:2.5t。

d. 55kW 电机:0.53t。

e. 调高油缸:0.5t。

②右牵引部组重 11.3t,最大外形尺寸 2345mm×1314mm×1480mm(如果机组与 800mm 槽宽的运输机配套,则右牵引部组重量增加为 12.3t,最大外形尺寸为 2345mm×1414mm×1480mm),由可拆解的以下组部件组成:

a. 右牵引部:6t。

b. 变压器箱:1.8t。

c. 行走箱:2.5t。

d. 55kW 电机:0.53t。

e. 调高油缸:0.5t。

③左摇臂组:重 10.6t,最大外形尺寸 3355mm×1650mm×1060mm,由可拆解的以下组部件组成:

a. 摇臂:7.03t。

b. 电机:2.35t。

c. 左连接架:1.2t。

④右摇臂组:重 10.6t,最大外形尺寸 3355mm×1650mm×1060mm,由可拆解的以下组部件组成:

a. 摇臂:7.03t。

b. 电机:2.35t。

c. 右连接架:1.2t。

⑤连接框架组:重 9t,最大外形尺寸 3070mm×1200mm×900mm,由可拆解的以下组部件组成:

a. 开关箱:1.2t。

b. 变频器箱:1.8t。

c. 连接框架:6t。

(2)对解体后外露的孔、腔必须严密封闭。

(3)对裸露的结合面、齿轮、轴头、管接头、电器插头、操作手把、按钮必须采取保护措施。

(4)对某些活动部分必须采取固定措施。

(5)油管、水管两端必须堵塞包扎后方能下井。

(6)对紧固件及小零件必须分类装箱下运,以免丢失。

(五)井下组装

(1)在工作面铺设好输送机和液压支架,并使输送机的销排起伏不大,弯度较小。

(2)用 4 根液压拉杠将采煤机主机身左牵引部、右牵引部、中间部分连接为刚性整体(并给液压拉杠打压),使采煤机主机身由老塘侧的两个导向滑靴和煤壁侧的两个平滑靴分别支承在工作面刮板运输机销轨和铲煤板上。

(3)按照调高液压系统原理图连接油路各个油管,同时连接各部分的进电电缆。

(4)连接左右摇臂,并按照冷却喷雾系统原理图连接水路各个水管。

(5)连接左右滚筒,并安装各部分护板。

(6)检查整台机组各部分机械和电气方面是否都已连接好,并准备试运转。

(六)采煤机安装质量要求

(1)零部件完整无损,螺栓齐全并紧固,手把和按钮动作灵活、正确,截割部的连接螺栓连接牢固,滚筒及弧形挡煤板的螺钉齐全、牢固。

(2)油质和油量符合要求,无漏油漏水现象。

(3)电动机接线正确,滚筒旋转方向适合工作面要求。

(4)空载试验时低压正常,运转声响无异常。

(5)牵引锚链固定正确,无拧链,连接环应垂直安装,有涨销。

(6)电缆尼龙夹齐全,电缆长度符合要求。

(7)冷却水、内外喷雾系统符合要求,截齿齐全。

四、任务实施

设备安装基本操作练习:

1. 绳索系结练习

常用绳扣系法

绳扣名称	图例	用途	特点
滑子扣 (又称拉扣)	一步 二步 三步	用于拖拉物体或穿滑轮等作业	牢靠、易于解开,拉紧后不会出现死结,随时可松,结绳迅速
梯形扣 (又称"8"字结、猪蹄扣)		用于绑人字桅杆或捆绑物体	结绳方法方便简单;扣套紧,两绳头愈拉愈紧,但松紧也容易
挂钩扣		用于挂钩	安全牢靠,结法方便,绳套不易跑出钩外

续表

绳扣名称	图例	用途	特点
单绕时双插扣（又称单帆索结）		用于两根麻绳的连接	牢靠,适用于两端有拉紧力的场合
双滑车扣（又称双环扣）		用于搬运轻便物体	吊抬重物绳扣自行索紧,物体歪斜时可任意调整扣长;解绳容易、迅速
抬扣		用于抬运或吊运物体	结绳、解绳迅速;安全可靠
背扣（又称木结）		用于绑架子,提升轻而长的物体	愈拉愈紧,牢靠安全,易打结或松开,但必须注意压住绳头
蝴蝶结		用于紧急情况或现场没有其他载人升空机械时使用	操作者必须腰部系一根绳,以增加升空的稳定性;必须将绳结拉紧,使绳与绳之间互相压紧,绳头必须在操作者的胸前,操作者用手抓住绳头
死圈扣		用于启吊重物	捆绑时必须和物件紧扣,不允许有空隙,一般采用与物件绕一圈后再结扣,以防吊装时滑脱
活瓶扣		用于吊立轴等圆柱物体	受力均匀、安全、可靠

2. 起重练习

(1)根据物件的重量选取绳索及规格。

(2)根据物件的形状结构选取挂钩或捆结的部位和方法,保证牢固,中心平稳。

(3)试吊物件,必要时进行调整。

(4)用"手语"指挥搬运。

(5)放置物件应有支垫并且牢固。

任务四　采煤机故障处理

一、知识点

(1)采煤机常见故障的诊断。
(2)采煤机常见故障的处理。
(3)采煤机事故安全分析。

二、能力点

(1)熟悉采煤机常见故障的诊断方法。
(2)掌握采煤机常见故障的处理方法。
(3)能对采煤机的事故安全进行分析并得到启示。

三、相关知识

(一)摇臂的常见故障及处理方法

序号	故障现象	故障分析及排除方法
1	电动机腔有油且量大	电机齿轮轴后的骨架油封容易漏油(320#极压齿轮油),此油漏出后应该流到下方的溢油口,但是由于机身下运输机过煤常将此溢油眼堵塞,严重的情况下此油可进入截割电动机
		处理方法一:将电动机拆掉更换密封,更换新油封时可将旧油封垫在新油封上,敲击旧油封同时将新油封安装到位,这样安装不会损坏新油封
		处理方法二:将电机齿轮轴从煤墙处拆掉,再将轴承处的套拆掉即可更换油封。但是一些小的机型采煤机还要将摇臂二轴也就是惰轮轴拆掉后才能够更换,在安装惰轮轴时注意两轴承中间的距离环,由于自重这个距离环在侧面安装时容易掉下来,此时安装需讲求方法
2	离合器在脱开的状态下发出"哒哒"的响声	更换铜套
		将铜套更换一个方向,因铜套中孔是等径通孔,故两端都可以用

续表

序号	故障现象	故障分析及排除方法
3	滑动密封漏油	由于行星减速器出轴轴承长时间的工作,圆锥磙子轴承的滚珠磨损,造成行星架轴向窜动,滑动密封的间隙增大,超出了滑动密封O形密封圈的弹性范围,此时就要通过更换轴承来解决漏油问题
		对于行星减速器两端用圆锥磙子轴承的情况,在安装时就要调整端盖与轴承外环的间隙,一般为0.15~0.3mm。对于采用调心轴承的,间隙应该为0。测量间隙的方法是压铅丝法:此法是将端盖拆掉,把保险丝放在轴承外环上,将端盖安装上,将螺栓压紧,然后再拆掉,铅丝被压薄后厚度就是间隙的实际尺寸。此时用减法减掉,余下的间隙就是需要的间隙
		行星头上固定定心座的螺栓是用铁丝串联防松,如果此螺栓松动,则会造成漏油,严重时滚筒和方法兰盘会掉下来,因此要求应经常检查此螺栓
		滑动密封O形密封圈失去弹性,也是造成漏油的原因之一。由于长时间的煤尘积累,使滑动密封O形圈失去弹性,此时要更换滑动密封O形圈并清理周边的煤尘

(二)牵引部的常见故障及处理方法

序号	故障现象	故障分析及排除方法
1	牵引电动机后部积油太多	与摇臂电机齿轮轴的处理方法相同
2	制动器故障	检查摩擦片是否磨损严重,磨损超出4mm时要更换摩擦片,安装时如果是ZD00A,就先将制动活塞提起,提起时用M8X25的螺栓,如果是A-0302则方法相同
		是否在牵引时管路不来油,查电磁阀是否动作,或低压低于1.3MPa
		密封圈处严重漏油,释放行程不足,更换密封圈
3	牵引部与行走箱结合面漏油	由于牵引部减速箱内第二级行星机构处的油封损坏,导致行走箱老塘端面渗油。因为行走箱属于开式齿轮箱,其内的轴承靠油脂润滑,所以判断不可能有齿轮油渗出。故判断是牵引部与行走箱结合面漏油,需更换其处油封

(三)液压调高系统的常见故障及处理方法

1. 判断的基本方法

(1)如果液压系统出现问题,首先应判断是机械的问题还是电气的问题,其方法是操作手动阀杆来判断阀杆的随动情况。

(2)首先将油泵的排油口打开,再开机使油泵开始工作,观察排油量以及压力的大小;如果没有压力,则可断定是齿轮泵到油池的部分出了问题。如果压力很大而油也能连续流出,则需检查阀组到油缸的部分。

(3)按顺序分步检查:第一步检查油箱是否有油,吸油滤油器滤网是否需要清洗;第二步检查吸油管路的密封状况,看是否漏气;第三步检查齿轮泵的排油压力是否不足;第四步检查配油块,看配油块中的油路是不是有贯通或者堵塞现象,没有进行工作就直接回到油池了;第五步考虑低压溢流阀和高压安全阀的可靠性;第六步检查手动调高阀的进、回油的情况,因为有的中位为 H 型的三位四通阀回油不畅,会使油直接进入油缸而使油缸动作;第七步检查油缸,在确定低压溢流阀和高压安全阀没有问题的前提下,检查油缸的活塞是否因漏油而不调高,还是油缸的前后腔串油导致油直接回油池。

如果对液压系统比较熟悉,还可以根据现象大概判断问题部位。检查齿轮泵的排油是否正常看管路是否漏油,根据压力表的数值判断低压阀和高压阀是否有问题。

2. 常见故障及处理方法

序号	故障现象	故障分析及排除方法
1	系统不调高	检查油箱是否有油和剩余油量
		油缸是否漏油,前后腔是否串油,需修理或更换油缸
		手动能够调高、电控不能控制,说明手动和电控脱节,需检查相应电气控制回路或更换调高电磁阀
		齿轮泵损坏。判断齿轮泵的好坏首先保证油池有油,泵坏时的现象是:排油管路无力,吸油的滤芯干净、无脏物
		高压安全阀内有杂物影响阀芯,阀芯不能复位,压力油直接回油箱。进行清洗或更换高压安全阀
2	吸油过滤器铜网堵塞	清洗过滤网
3	调高速度慢,齿轮泵的来油有力,高低压表不显示	检查高压阀,如果高压阀开启不能复位,液体全回油池,可能出现此问题
		观察低压表,看压力值是否低于要求压力,调节低压阀即可

续表

序号	故障现象	故障分析及排除方法
4	摇臂有慢慢下降的现象	说明双锁阀不起作用,可将双锁阀拆下来清洗,重新安装即可。原因是阀的封油区有脏物黏附在封油线上,为避免耽误生产,可更换新的双锁阀,将旧的清洗备用
5	调高出现自动升的现象	检查端头内部是否短路。需修理或更换端头站
		三位四通阀是否卡死。需修理或更换三位四通阀
6	调高油缸在下降过程中出现"点头"现象	液压系统有空气进入。需进行系统排空
		双向液压锁内有杂物影响工作。进行清洗或更换

(四)行走箱的常见故障及处理方法

序号	故障现象	故障分析及排除方法	
1	当实际载荷大于额定载荷时,扭矩轴从剪切槽处折断,不能传递到齿轨轮上	将弹性挡圈拆掉,再将小盖拆掉,更换扭矩轴即可	
		液压牵引采煤机出现不牵引的现象,原因是力量都从扭矩轴断的这个液压马达上损失掉了	
2	齿轨轮和导向滑靴损坏	采煤机开到机头或机尾时,挑顶到位后、卧底后,采煤机倒退使运输机推进,此时采煤机的位置应该在20m以上,如果在20m以内会造成导向靴断裂,因为运输机的弯度较大	处理方法:首先将采煤机导向滑靴和销轨吻合住,再将齿条销拆掉两个,将挡煤板拆掉,接下来将齿轨轮轴拆掉(拆齿轨轮轴有专用工具),此时将摇臂头垫住,使摇臂下降。使采煤机的机身升起,即可更换损坏的零件,换好的时候将摇臂上升,使齿轨轮的孔、导向滑靴的孔对齐,安装齿轨轮轴即可
		导向滑靴磨损严重,齿轨轮在和齿条咬合发生变化,齿轨轮的平咬在齿条的间隔挡处,齿轨轮容易断牙掉齿,导向滑靴磨损时要及早更换导向滑靴	
		由于平滑靴的严重磨损会使采煤机向煤壁侧倾斜,重心的偏斜使导向滑靴抬起,不仅磨损勾起齿条的部分,还影响齿轨轮的啮合,严重时会使采煤机掉道,这时齿轨轮的轴承也易损坏	
		注意经常检查齿轨销是否出来	

(五)电控系统的故障分析与处理

1. 启动先导回路

序号	故障现象	故障分析及排除方法
1	按下"启动"按钮,整机不动作	检查启动二极管是否击穿或断路
		检查各电机的温度保护线接点是否闭合
		检查盖板启、停按钮及其连接线
		检查进线电缆是否断线
		检查顺槽开关是否正常
2	启动后,机组不能自保	检查PLC相应输出指示灯亮
		检查控制变压器高、低压保险是否熔断
		若通过继电器自保,检查自保继电器吸合是否正常
		检查瓦斯是否超限
		若有端头站,检查端头站是否误发"总停"信号
		检查盖板上总停按钮及其线路是否误动作
		检查变压器、截割电机的温度是否超限

2. 摇臂升降系统

序号	故障现象	故障分析及排除方法
1	开机后摇臂自动上升或下降	检查PLC输入部分是否有接点粘连等现象造成误动作
		检查PLC输出继电器是否正常工作
		检查电磁阀及其线路
		检查电磁阀阀芯是否堵卡,以致不能回到中位
		检查制动阀阀芯是否堵卡,以致不能回到中位
2	摇臂上升或下降不动作	检查按钮、遥控器等PLC输入信号是否正常,可以通过PLC输入指示灯来判断
		检查PLC输出是否正常
		检查电磁阀工作电源是否正常
		检查液压系统压力、管路等是否正常
		检查电磁阀线圈是否短路、开路,可用正常的一路来"替换"查找

3. 端头站、遥控器

序号	故障现象	故障分析及排除方法
1	端头站、遥控器不动作	检查端头站 12V 电源是否正常,遥控器电池电压是否正常
		检查端头站电缆的连接头是否紧凑、牢固、可靠
		检查相对应的继电器回路是否工作正常
		检查相对应的线路是否断开
2	端头站、遥控器误动作	更换遥控器后,测试端头站是否工作正常
		如更换后还不正常,去掉端头站,看线路是否有粘连现象
		更换备件

4. 瓦斯断电仪、传感器

序号	故障现象	故障分析及排除方法
1	探头显示值不准确	可按用户说明书调校
2	开机不自保,再开机显示瓦斯超限	瓦斯超限
		瓦斯传感器开路或短路
		如果断电仪误动作,建议更换传感器探头

5. 电机

序号	故障现象	故障分析及排除方法
1	温度接点断开,机器无法启动	为保证不影响正常生产,将其短接
2	电机 PT100 损坏	为保证不影响正常生产,可以先用 110~120Ω、1/8W 电阻来代替恢复生产

注意:

(1)条件允许时,每周对电机进行一次绝缘测试,3300V 的电机用 2500V 摇表测试,1140V 的电机用 1000V 摇表测试,380V 的电机用 500V 摇表测试。

(2)对于牵引电机摇绝缘时应与变频器断开,否则会损坏变频器。

(3)用万用表检查是否缺相。

变频器报警和故障一览表

故障	原因	解决方法
ACS 800 TEMP (4210)	传动的 IGBT 温度过高。故障跳闸极限为 100%	检查环境条件，检查冷却水是否正常
COMM MODULE (7510)	传动单元和主机之间的周期性通讯丢失	检查电缆连接 观察适配器指示灯显示 检查主机是否可以通讯
CTRL B TEMP (4110)	控制板温度高于 88℃	检查环境条件 联系煤矿机械公司
DC OVERVOLT (3210)	中间电路直流电压过高 直流电压 728～877	检查主机的静态或瞬态过压 检查电机和电缆的绝缘情况
DC UNDEVOLT (3220)	中间电路直流电压过低 直流电压 307～425	检查主电源和熔断器
EARTH FAULT (2330)	传动单元检测到负载不平衡	检查电机或电机电缆有无接地故障 测量电机或电机电缆的绝缘电阻
LINE CONV (FF51)	进线侧整流单元出现故障，该故障仅在四象限变频器中出现	将控制盘从电机输入侧切换到进线侧整流单元，观察故障显示
MOTOR PHASE(FF56)	电极缺相	检查电机和电机电缆
MOTOR STALL (7121)	电机堵转。可能由于过载或电机功率不足	检查电机的负载和传动单元的额定值
NO MOT DATA (FF52)	未设定电机数据或电机数据与变频器数据不匹配	断电，等待放电完毕再次上电联系
PANEL LOSS (5300)	控制盘与 ACS800 之间的通讯中断	检查控制盘的连接 检查控制盘连接器
PPCC LINK (5210)	连接至 INT 板的光纤出现故障	检查光纤 联系煤矿机械公司
SHORT CIRC (2340)	电机电缆或电机短路 逆变单元的输出桥故障	检查电机和电机电缆 联系煤矿机械公司
START INTERL (FF8D)	没有收到启动互锁信号	检测连接到 RMIO 板上的启动互锁电路，即 X22 端子的 8 和 11
SUPPLY PHASE (3130)	中间电路直流电压震荡	检查主电源熔断器 检查主电源是否平衡
USER MACRO (FFA1)	没有 User Macro（用户宏）存储或文件有错	断电，等待放电完毕再次上电

6. 导向滑靴和平滑靴

导向滑靴的磨损是不可避免的正常现象,应注意根据采煤机的使用情况及时检测导向滑靴的磨损量。导向滑靴上下承重面之间的距离为108mm,上下承重面允许的最大磨损量为单面4.5mm(双面9mm)。左右导向面之间的间距为159.5mm,左右导向面允许的最大磨损量为单面3.5mm(双面7mm)。

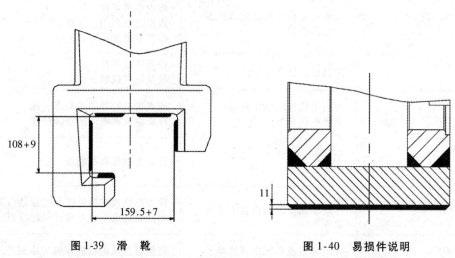

图1-39 滑 靴　　　　　图1-40 易损件说明

如果导向滑靴的磨损量达到或超过允许值,应予以更换。或将导向滑靴拆下,通过堆焊和再加工达到规定尺寸,保证齿轨轮和销排之间的正常啮合。

采煤机煤壁侧平滑靴底面允许的最大磨损量为11mm,如果平滑靴磨损量达到或超过允许值,应予以更换。

由于井下工作面地质条件复杂,采煤机行走方向有坡度,推进方向煤层有起伏,煤层中有夹矸和断层,以及采煤机在工作过程中,由于人为操作因素的影响,经常出现采煤机滚筒割顶梁和铲板的现象。这些因素均会引起采煤机摇臂和牵引部减速机构及电机(截割电机和牵引电机)过载。为了避免外在阻力对摇臂和牵引部零部件及电机(截割电机和牵引电机)因过载而造成的损坏,在设计时除电气保护外,对摇臂和牵引部分别安装了机械保护装置。摇臂一轴和截割电机中心通孔内安装了扭矩轴,牵引部末级减速出轴安装了花键轴,此两种件均加工有危险断面,当外在阻力超过要求值时,则从危险断面处剪断(相当于电路中的保险丝),对摇臂、截割电机、牵引部、牵引电机起保护作用,因此扭矩轴和花键轴为易损件。

平滑靴、导向滑靴支撑整个采煤机的重量,由于受结构和尺寸的限制不可能做得的很大,因此单位面积上的比压很大。采煤机行走时,平滑靴、导向滑靴与工作面刮板机接触面为滑动摩擦,虽然接触面含有特殊耐磨材料,但采煤机在工作时也会不断地磨损,因此要经常观察平滑靴和导向滑靴的磨损情况,当磨损量如上图所示时,要及时更换修复,以免造成采煤机齿轨轮等相关零件的损坏。因此导向滑靴和平滑靴也为易损件。

铰轴拆卸工具的原理如图1-41所示。

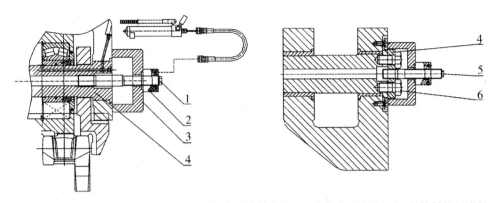

1—齿轨轮轴拆卸杆(N35-6);2—M27×2液压拉紧装置;3—支撑套(N35-7);4—铰轴拆卸过渡板(N35-8);5—铰轴拆卸杆(N35-9);6—螺栓 M24×80

图 1-41 铰轴拆卸工具原理图

工作方式:按图示结构将各件装好后,用超高压手动泵给 M27×2 液压拉紧装置打压,因液压拉紧装置有 5mm 的行程,在打压中会将铰轴拔出,即一个工作周期会将铰轴拔出 5mm,重复以上工作即可拔出铰轴。

下表列出的是采煤机上所使用的公制紧固件的扭矩值,该值适用于镀层和非镀层的紧固件,这些紧固件涂有少量的机械油或普通(非极压)油,防卡死剂或螺纹紧固剂,如果使用降低摩擦的润滑剂(如二硫化钼),使用所列的扭矩值会导致过度扭紧和断裂。

公制紧固件扭矩值表

公称尺寸	公制紧固件力矩范围					
	8.8级		10.9级		12.9级	
	N	Nm	N	Nm	N	Nm
M4	3825	3.040	5374	4.315	6453	5.148
M6	8836	10.300	12405	14.710	14906	17.652
M8	16230	25.497	22751	35.304	27360	42.168
M10	25791	50.014	36284	70.608	43541	85.317
M12	37657	87.279	52956	122.60	63547	147.10
M16	71196	210.80	100027	299.10	120131	357.90
M20	111305	411.90	156415	578.60	187796	696.30
M24	160338	711.00	225552	1000	270662	1196
M30	255952	1422	359902	2010	432471	2403
M36	374612	2481	527595	3491	632526	4197
M42	515827	3991	725688	5609	870726	6727

四、任务实施

1. 故障诊断的依据

(1) 要认真阅读有关技术资料，弄清采煤机的结构原理。

(2) 了解采煤机性能特点，为综合分析运行工况打下知识基础。

(3) 要不断地增加对设备的熟悉程度，积累其运行的规律性认知和处理经验。

2. 故障诊断程序

由表及里、由现象到原因，发现问题背后的一般性规律，主要采用听、摸、看、量以及结合经验分析的方法进行。

3. 处理故障的一般方法

(1) 了解故障的表现和发生经过。

(2) 分析故障的原因。

(3) 做好排除故障前的各项准备工作。

(4) 有措施、按步骤地排除故障。

(5) 做好其他工作。

思考复习题

1. 简述 MG500/1130-WD 型电牵引采煤机型号的含义及作用。
2. MG500/1130-WD 型电牵引采煤机由哪几大部分组成？传动系统是怎样的？
3. 采煤机有哪几种牵引方式？
4. 冷却和喷雾装饰有什么作用？
5. 操作采煤机时应注意哪些事项？
6. 采煤机的维护检修要做哪些工作？怎样做好日常维护工作？
7. 采煤机的常见故障有哪几类？
8. 采煤机的滚筒升起又自动下降的原因是什么？如何处理？
9. 简述 MG500/1130-WD 型机身连接的液压拉杠的工作原理。
10. 采煤机在工作有什么用途？
11. MG500/1130-WD 型采煤机的操作步骤是什么？
12. 滚筒式采煤机按控制方式可分为哪几种？
13. 采煤机试运转时应准备哪些工作？
14. 采煤机的辅助装置有哪些？
15. 采煤机正常操作及正常停机的顺序是怎样的？
16. 采煤机的冷却喷雾系统的作用是什么？
17. MG500/1130-WD 型采煤机在井下组装的程序是怎样的？
18. 调高系统不能调高的原因有哪些？

项目二　ZY6800/19/40 型掩护式液压支架的使用与维护

任务一　液压支架基本知识

一、知识点

(1) 了解液压支架的类型。
(2) 掌握 ZY6800/19/40 型掩护式液压支架的结构组成及作用。
(3) 掌握 ZY6800/19/40 型掩护式液压支架的工作原理。

二、能力点

(1) 能指出液压支架各组成部分的名称并说明其作用。
(2) 能阐明液压支架的工作原理。

三、相关知识

综采的主要配套设备包括：工作面支护设备——液压支架，采煤设备——滚筒采煤机（或刨煤机），工作面运输设备——刮板输送机（或刨运机），顺槽运输设备——转载机和可伸缩带式输送机，端头支护设备——端头支架或单体液压支柱，液压动力设备——乳化液泵站，灭尘设备——喷雾泵站，电器设备——移动变电站和通讯、信号、照明等。

液压支架是以高压液体为动力，由金属构件和液压元件组合而成的一种工作面支护设备。其作用是支撑顶板和放顶、自移和推移输送机，为采煤工作面提供足够安全的作业空间，为各种防护装置提供支承点。它是综采的主要配套设备之一，其数量、重量和价格一般占整套综采的 60% 以上。支架的种类很多，但基本架型为支撑式、掩护式、支撑掩护式以及由此演变的各类特种架型。当前使用较多的是掩护式和支撑掩护式支架，在生产中取得了明显的经济效益和社会效益。

掩护式支架的两柱斜撑于顶梁，支撑合力点靠前，适应于一般不稳定和中等稳定的顶板，较大吨位的掩护式支架也适应稳定顶板；顶梁、掩护梁均设侧护板，防矸、防滑、防倒性能好；四连杆承受水平力，立柱不受侧向力，使用寿命长；平衡千斤顶除维持顶梁与底座平行外，还有改变顶板合力点位置、适应顶板变化的作用；掩护式支架的结构较简单，重量和价格比支撑掩护式支架低 20%～25%。

ZY6800/19/40A 型掩护式液压支架是在认真总结国内外掩护式液压支架使用经验、充分研究分析结构参数的基础上，由天地科技股份有限公司开采所事业部针对淮北矿区煤层地质条件,按照淮北矿业集团的要求设计,由淮北矿业集团机电装备公司制造的。该支架吸收了国内外掩护式液压支架的优点,支架经过参数优化,结构合理,与同类型支架相比,具有适应性强、可靠性高、支护能力大、移架速度快等特点。

该液压支架的执行标准为:

(1)MT312-2000《液压支架通用技术条件》。

(2)MT550-2996《大采高液压支架技术条件》。

支架型号及含义:

ZY6800/19/40A:Z——液压支架;Y——掩护式;A——第一次改进;6800——工作阻力(kN);19/40——支架最小/最大高度(dm)。

(一)主要技术特征

1. 支架

架型:两柱掩护式。

高度:1900~4000mm。

宽度:1430~1600mm。

中心距:1500mm。

初撑力:4881~5186kN。

工作阻力:6555~6954kN(P=42.3MPa)。

支护强度:0.97~1.04MPa(2.2~3.8m)。

对底板比压(前端):2.0~3.8MPa(2.2~3.8m)。

采高:2.2~3.8m。

适应倾角:≤25°。

操纵方式:本架,先移架后推溜。

泵站工作压力:31.5MPa。

重量:约21900kg。

运输尺寸:6220mm×1430mm×1900mm(长×宽×高)。

2. 立柱

形式:双伸缩。

数量:2根。

缸径:320/230mm。

柱径:290/210mm。

行程:2041mm。

初撑力:2532kN。

工作阻力:3400kN(P=42.3MPa)。

3. 平衡千斤顶

形式:普通(2根)。

缸径/杆径:160/105mm。

行程:420mm。

初撑力(推/拉):633/360kN。

工作阻力(推/拉):850/484kN(P=42.3MPa)。

4. 推移千斤顶

形式:普通(1根)。

缸径/杆径:160/105mm。

行程:900mm。

推溜/拉架力:361/633kN。

5. 护帮千斤顶

形式:普通(1根)。

缸径/杆径:100/70mm。

行程:480mm。

推力(初撑/工作阻力):247/331kN。

6. 伸缩梁千斤顶

形式:普通(2根)

缸径/杆径:100/70mm。

行程:800mm。

推力/收力:247/126kN。

7. 侧推千斤顶

形式:内进液(4根)。

缸径/杆径:100/70mm。

行程:170mm。

推力/收力:247/126kN。

8. 抬底千斤顶

形式:普通(1根)

缸径/杆径:125/90mm。

行程:240mm。

抬底/收力:385/186kN。

9. 防倒千斤顶

形式:普通(1/2根)。

缸径/杆径:125/70mm。

行程:500mm。

推力/收力:386/265kN。

10. 防滑千斤顶

形式:内进液(2根)

缸径/杆径:110/85mm。

行程:220mm。

推力:299kN。

11. 防护千斤顶

形式:普通(1根)。

缸径/杆径:63/45mm。

行程:700mm。

推力收力:98/48kN。

(二)支架的组成

ZY6800/19/40A型液压支架主要由金属结构件和液压元件两大部分组成。金属结构件主要有护帮板、伸缩梁、顶梁、掩护梁、前后连杆、底座、推杆以及侧护板等,如图2-1所示。

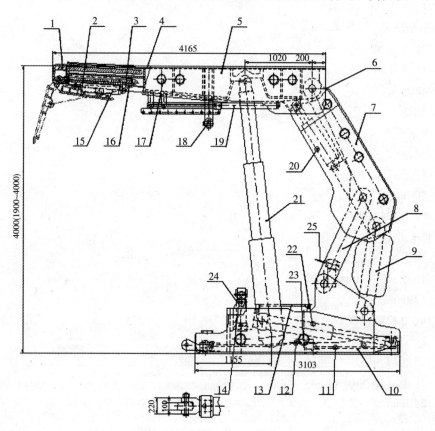

1—伸缩梁;2—护带板;3—拖板;4—顶梁;5—顶梁侧护板;6—掩护梁;7—掩护梁侧护板;8—前连杆;9—后连杆;10—底座;11—后推移杆;12—前推移杆;13—脚踏板;14—小过桥;15—护帮千斤顶;16—伸缩梁千斤顶;17—侧推千斤顶;18—防倒千斤顶;19—防护千斤顶;20—平衡千斤顶;21—立柱;22—推移千斤顶;23—防滑千斤顶;24—抬底千斤顶;25—操作阀组

图2-1 ZY6800/19/40型液压支架

液压元件主要有立柱、各种千斤顶、液压控制元件(操纵阀、单向阀、安全阀等)、液压辅助元件(胶管、弯头、三通)等。

(三)支架的主要结构件及其作用

1.顶梁

顶梁直接与顶板接触,支撑顶板,是支架的主要承载部件之一(图2-2),其主要作用包括:

(1)支承顶板岩石的载荷。

(2)为回采工作面提供足够的安全空间。

本支架顶梁的结构为整体式,整体式顶梁的前端支撑能力大。

ZY6800/19/40型液压支架顶梁采用钢板拼焊箱形变截面结构(图2-2),四条主筋形成了整个顶梁外形。顶梁两侧上平面用于安装活动侧护板。控制顶梁活动侧护板的千斤顶和弹簧套筒,均设在顶梁体内,并在顶梁上留有足够的安装空间。

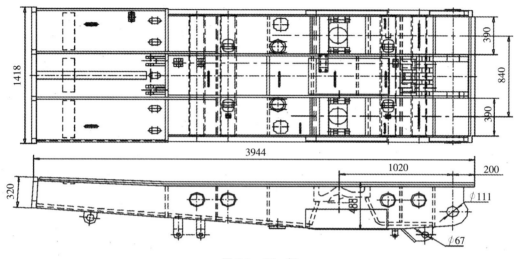

图2-2 顶 梁

2. 护帮板/伸缩梁

煤壁片帮和梁端冒顶是影响综采效率和工人安全的主要因素,护帮板或伸缩梁均是提高液压支架适应性的一种装置,有利于防止煤壁的片帮及维护顶梁前端顶板(图2-3、图2-4)。

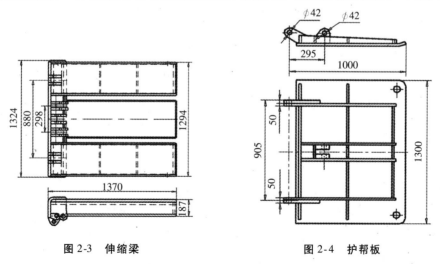

图2-3 伸缩梁　　　　　图2-4 护帮板

护帮板是由钢板拼焊成的整体结构。护帮,即通过护帮板贴紧煤壁,向煤壁施加一个支撑力,防止片帮。

伸缩梁是由钢板拼焊成的整体结构,它的主要作用是超前支护。当采煤机采过后,没有移架前伸缩梁伸出,护住顶板,可实现及时支护;当煤壁出现片帮时,伸缩梁可伸入煤壁线以内,及时维护顶板,避免引发冒顶。

3. 拖板

拖板的作用是将护帮千斤顶与顶梁连接在一起,并随伸缩梁一起运动,其结构如图2-5所示。

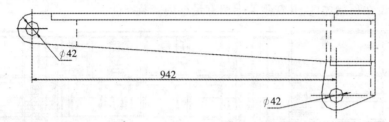

图 2-5　托梁拖板

4. 顶梁侧护板

设置顶梁侧护板是为了提高支架掩护和防矸性能,一般情况下,支架顶梁和掩护梁都设有侧护板(图2-6)。本支架设有双侧活动侧护板,使用时一侧固定,另一侧活动。

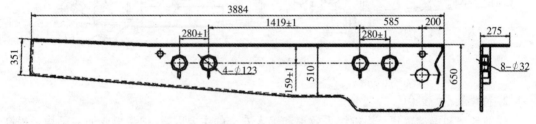

图 2-6　顶梁侧护板

活动侧护板一般都是由弹簧套筒和千斤顶控制。侧护板的主要作用有:

(1)阻挡矸石。即使在降架过程中,由于弹簧套筒的作用,活动侧护板与邻架固定侧护板始终相接触,能有效防止矸石窜入架内。

(2)调架。操作侧推千斤顶,用侧护板调架,对支架防倒有一定作用。

顶梁活动侧护板由两个弹簧套筒和两个千斤顶控制。弹簧套筒由导杆、弹簧、弹簧筒等组成。侧护板的结构为钢板直角对焊式。

5. 掩护梁

掩护梁上部与顶梁铰接,其下部与前、后连杆相连,经前、后连杆与底座连为一个整体,是支架的主要连接和掩护部件(图2-7)。其主要作用包括:

(1)承受顶板给支架的水平分力和侧向力,增强支架的抗扭性能。

(2)掩护梁与前后连杆、底座形成四连杆机构,控制梁端距的变化。

(3)阻挡后部落煤前窜,维护工作空间。

另外,由于掩护梁承受的弯距和扭矩较大,工作状况恶劣,所以掩护梁必须具有足够的强度和刚度。

本支架的掩护梁为整体箱形变截面结构,用钢板拼焊而成,如图2-7所示。为保证掩护梁有足够的强度,在它与顶梁、前后连杆的连接部位都焊有加强板。

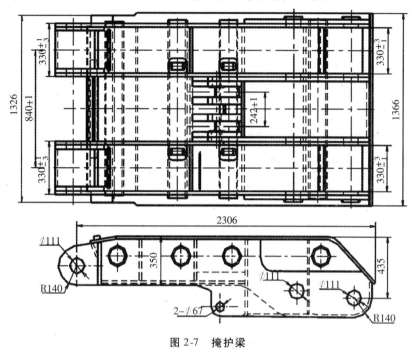

图 2-7 掩护梁

6. 掩护梁侧护板

掩护梁也设计有双侧活动侧护板,其作用和功能与顶梁侧护板相同(图 2-8)。

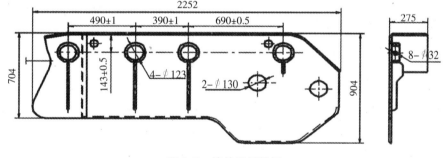

图 2-8 掩护梁侧护板

7. 前后连杆

前后连杆的上下部分别与掩护梁和底座铰接,共同形成四连杆机构,其主要作用包括:

(1)使支架在调高范围内,顶梁前端与煤壁的距离(梁端距)变化尽可能小,更好地支护顶板。

(2)承受顶板的水平分力和侧向力,使立柱不受侧向力作用。

前后连杆的结构(图 2-9、图 2-10)均为钢板焊接的箱形结构,后连杆为整体式结构,这种结构不但有很强的抗拉抗压性能,而且有很强的抗扭性能。

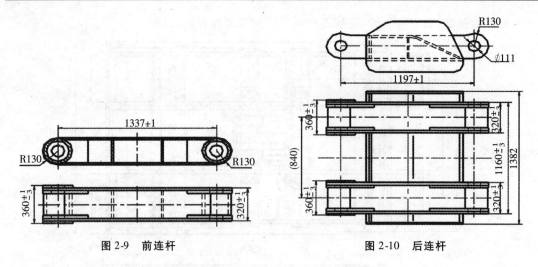

图 2-9　前连杆　　　　　　图 2-10　后连杆

8．底座

底座是将顶板压力传递到底板和稳定支架的部件（图 2-11）。底座除了满足一定的刚度和强度外，还要求对底板比压小，以防底座插底。其主要作用包括：

（1）为立柱、液压控制装置、推移装置及辅助装置提供合理的安装位置。
（2）给工作人员创造良好的工作环境。
（3）具有一定的排矸挡矸作用。
（4）保证支架的稳定性。

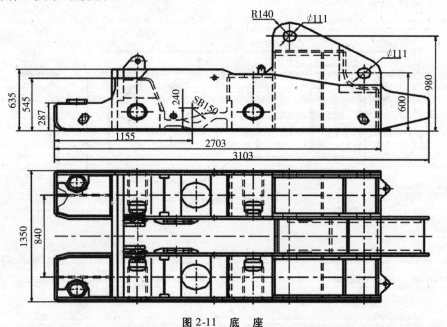

图 2-11　底　座

底座的结构形式可分为封底式和分底式。分底式底座由左右两部分组成，其排矸性能好，对起伏不平的底板适应性强，但与底板接触面积小。封底式底座是用钢板焊接成的箱式结构，其整体性强，稳定性好，强度高，不易变形，与底板接触面积大，比压小，但底座中部的排矸性能较差。

本支架底座为分底式刚性底座(图2-11),四条主筋形成左右两个立柱安装空间,前端通过水平过桥板、后部通过箱形结构把左右两部分连为一体,具有很高的强度和刚度。

9. 推杆

推杆为推移机构的一部分,通常分为长框架和短推杆(图2-12、图2-13)。一般将倒拉框架称为长框架。其特点是:千斤顶的推力为拉架力,千斤顶的拉力为推溜力;千斤顶可以斜置,移架时底座前部有一向上的分力,有利于移架,分力的大小取决于千斤顶斜置的角度。短推杆适用于浮动活塞和差动控制千斤顶结构,其特点是:千斤顶的拉力(移架力)大于推力(推溜力);采用箱形结构,强度大,抗弯性好。

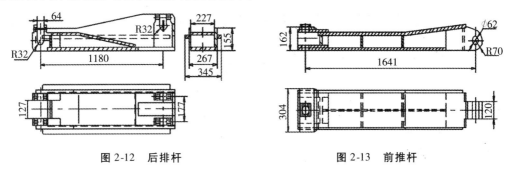

图2-12　后排杆　　　　　　　图2-13　前推杆

本推移杆属于长推杆形式,前后推杆均为箱形结构。

(四) 防滑防倒装置及防护装置

工作面支架通常通过推杆的限位及弹簧组件、千斤顶控制的活动侧护板的复位达到防倒防滑的目的。对于大采高工作面而言,当综采工作面倾角小于12°时,可以不设防滑装置。当综采工作面倾角大于12°时,支架的性能的发挥及其适应性很大程度上取决于防护装置的设置。本支架设有性能可靠的防滑防倒装置。本支架在相邻两架顶梁上可安装双作用防倒装置,由千斤顶、连接件组成,用以调架和防倒;在底座侧面上设置有防滑千斤顶,用以调架和防滑。使用单位可根据煤层地质条件和要求选用附设的防护装置。另外,本支架在顶梁上还设有防护装置。

(五) 液压系统

1. 液压原理

液压系统(图2-14)通常由四部分组成:动力机构——油(液)泵,将机械能转变成液体压力能;操作机构——控制阀、调节装置,通过其控制、调节液体压力、流量和方向;执行机构——液动机(包括旋转式油马达和往复式油缸),将液体的压力能转换为机械能并输出到工作面上;辅助装置——油(液)箱、油管、接头、过滤器及控制仪表等。支架就是工作机,其液压力是由设在顺槽的乳化液泵产生的高压液体,通过主进液管路输送到工作面各支架的操纵阀,经其分配至各立柱和千斤顶而动作,需要闭锁的增加控制阀组(单向阀、双向锁和安全阀);回液也经过操纵阀回液口,由主回液管路返回乳化液泵站的乳化液箱。

液压支架的工作特点:通过立柱产生的初撑力给顶板以足够的支撑力,支撑住顶板,使之不过早离层和下沉;随着顶板压力逐渐增大,当达到安全阀调定值时,即为额定工作阻力,安全阀开启泄液,当液压小于安全阀调定值时,安全阀关闭,立柱继续承受额定工作阻力(略受立柱倾斜度影响)。

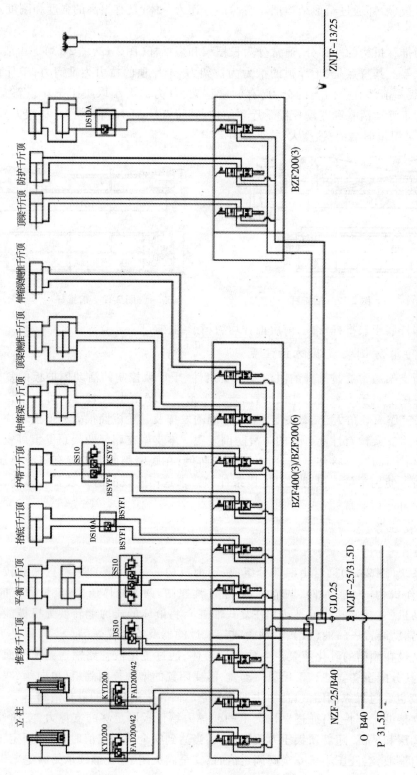

图 2-14 液压原理图

2. 乳化液

液压系统中用以传递和转换能量的压力液体,称为传动介质。目前,国内外液压支架用的传动介质,绝大多数为油包水型乳化液。乳化液的种类较多,性能差异也较大。正确选用传动介质能充分发挥液压设备的使用效能,减少设备的损坏,延长使用寿命,防止造成事故。因此,要求支架用乳化液必须具有良好的润滑、稳定、易清洗、防锈蚀和抗硬水等性能。我国液压支架多用由北京开采所研制的 M-10、MDT 乳化油配制乳化液。M-10 的配比浓度为 5%(M-10 用 5%,中硬以下水 95%),MDT 的配比浓度为 3%(MDT 用 3%,中硬以下水 97%)。在现场应定期对乳化油、水质和配制的乳化液进行检查。

3. 防冻液

目前广泛使用的含水 95%~97% 的低浓度油包水型乳化液,其冰点约为 -2℃,冻结后体积膨胀为 7.6%。因此,在严寒季节,液压支架在地面存放和运输时要采取防冻措施,防止设备受冻损坏。

严冬时节,支架出厂之前须采取防冻措施,方法是:排出支架液压系统内的乳化液,尤其是立柱、千斤顶内的乳化液,排出后,更换上 MFD 乳化防冻液即可。

4. 本支架的液压系统

ZY6800/19/40 支架液压系统由乳化液泵站(300L 以上乳化液泵和乳化液箱)、主管路(31.5D 主进液管、B40 主回液管)、架内支管路(ϕ25、ϕ16、ϕ13、ϕ10 胶管)、各种液压控制元件(阀类)、工作元件(立柱、千斤顶)和辅助元件(接头、三通等)组成。

泵站的工作压力为 31.5MPa,操纵方式为本架控制,先移架后推溜,采用百升级安全阀,使液压元件和支架构件的过载保护性能更有效。

(六)立柱和千斤顶

1. 立柱

立柱(又称支柱,图 2-15)与顶梁和底座相连,给顶板以初撑力,同时承受顶板载荷和动压,是支架的主要液压支撑部件,要求强度足够、工作可靠、使用寿命长。其结构和性能依据架型、支撑力大小和支撑高度而定。

本立柱为双伸缩双作用立柱,缸径 320mm,活塞密封采用新型聚氨酯密封圈和蕾形密封圈,密封性能更可靠。

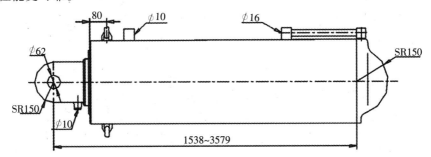

图 2-15 立 柱

2. 各种用途的千斤顶

(1)平衡千斤顶(图 2-16)。平衡千斤顶的缸径为 160mm,行程为 500mm,控制顶梁与掩护梁的相对位置,使支架保持平衡;同时闭锁活塞和活塞杆腔,使支架在承受顶板压力时,根据顶板力状况使两腔受不同的力,即可自动适应顶板压力的变化。

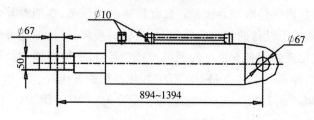

图 2-16 平衡千斤顶

(2)推移千斤顶(图 2-17)。推移千斤顶亦称推拉千斤顶,具有推移输送机和拉移支架的作用。推移千斤顶的缸径为 160mm,行程为 900mm(内加 170mm 距离套)。活塞杆腔带有单向锁,可确保移架步骤,且能在出现支架顶空的情况下推溜移架。

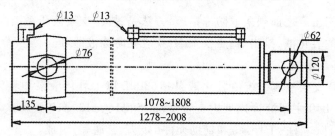

图 2-17 推移千斤顶

(3)护帮千斤顶(图 2-18)。护帮千斤顶的缸径为 100mm,行程为 480mm,外供液,带有双向闭锁,可使护帮板保持在要求的位置上。

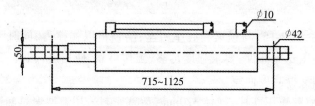

图 2-18 护帮千斤顶

(4)伸缩梁千斤顶(图 2-19)。伸缩梁千斤顶的缸径为 100mm,行程为 700mm,外供液,用于控制伸缩梁。

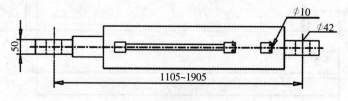

图 2-19 伸缩梁千斤顶

(5)侧推千斤顶(图 2-20)。侧护千斤顶的缸径为 100mm,行程为 170mm,内供液,用于控制顶梁和掩护梁的活动侧护板。

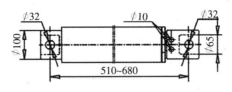

图 2-20 侧推千斤顶

(6)防倒千斤顶(图 2-21)。防倒千斤顶的缸径为 100mm,行程为 500mm,外供液,通过相邻两架的顶梁连接,用于工作面支架的防倒。

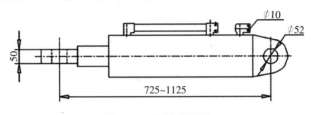

图 2-21 防倒千斤顶

(7)防滑千斤顶(图 2-22)。防滑千斤顶的缸径为 110mm,行程为 220mm,内供液,安装于底座内,用于工作面支架的防滑。

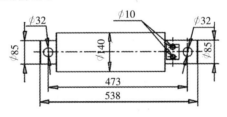

图 2-22 防滑千斤顶

(8)抬底千斤顶(图 2-23)。抬底千斤顶的缸径为 125mm,行程为 240mm,内供液,安装于底座上,用于抬起支架的底座,以便于移架。活塞杆腔带有单向锁,以防止抬底千斤顶自动下滑。

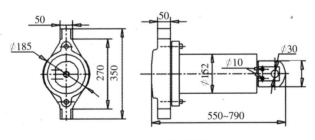

图 2-23 抬底千斤顶

(9)防护千斤顶(图 2-24)。防护千斤顶的缸径为 63mm,行程为 700mm,外供液,安装于顶梁上,用于控制防护网链的位置。

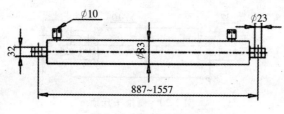

图 2-24　防护千斤顶

四、任务实施

(1) 熟悉工作环境,了解使用设备。
(2) 熟悉所使用液压支架的型号、组成结构、工作性能和工作方式等。
(3) 熟悉液压支架主要部件的作用及操作方法。

任务二　液压支架使用与维护

一、知识点

(1) 液压支架的使用要求。
(2) 液压支架在正常和非正常情况下的操作方法。
(3) 液压支架维护的内容、方法和质量标准。

二、能力点

(1) 采煤机操作前的检查。
(2) 液压支架的降柱操作。
(3) 液压支架的移架操作。
(4) 液压支架的升柱操作。
(5) 液压支架的推溜操作。
(6) 液压支架在非正常情况下的操作。
(7) 液压支架的检查维护操作。

三、相关知识

(一) 使用液压支架的基本要求

1. 支架排列

支架中心距:一般为 1.5m。
支架端面距:一般为 200~900mm,移架时要控制好。
支架与煤壁:支架中心线要垂直于工作面煤壁(调斜与防滑除外)。

2. 支架支撑

支架与顶底板：支架必须垂直于顶底板。

支架支撑高度：支架支撑的高度不能过高或过低，以防支架倾倒或压架事故发生。

支架防滑防倒：当工作面倾角大于15°时，应使用支架防滑防倒装置。

3. 准备工作

细：认真检查管路、阀组和移架千斤顶是否处于正确位置，细心观察煤壁和顶板情况。煤壁有探头煤时要处理掉，底板松软时要预先铺设垫板或为实施其他措施做好准备，为支架顺利前移创造条件。顶板较破碎时，还必须准备必要的材料，采取相应的护顶措施。

匀：移架前要检查支架间距是否符合要求并保持均匀，否则移架时要调整间距。

净：移架前必须将底板上的浮煤、浮矸清理干净，保证支架和工作面输送机顺利前移及支架底座接底。

4. 移架操作

快：移架要及时迅速，做到少降快拉。

够：除放顶煤综采外，每次移架步距应达到采煤机一刀的足够截深量，支架移过后要排成一条直线。

正：支架要定向前移，不能上歪下斜，不能前倾后仰。

5. 支架工况

平：要使支架顶梁、底座与顶板、底板接触平整，保证受力均匀。

紧：要使支架顶梁紧贴顶板，移架后必须达到初撑力。

严：架间空隙要挡严，侧护板（支撑式支架）要保持正常工作状态，防止顶板矸石或采空区矸石窜入支架空间。

（二）液压支架作业规程

1. 操作前的准备

操作液压支架前，应先检查管路系统和支架各部件的动作是否有阻碍，要清除顶、底板的障碍物。注意管件不要被矸石挤压或卡住，管接头要用U形销插牢，不得漏液。开始操作支架时，应提醒周围工作人员注意或让其离开，以免发生事故。同时要观察顶板情况，发现问题及时处理。

2. 操作方式和方法

综采工作面采用立即支护和滞后支护两种方式，根据两种不同的支护方式，操作顺序分别为先移架后推溜或先推溜后移架。目前大多数综采工作面采用先移架后推溜的立即支护方式。

（1）移架。在顶板条件较好的情况下，移架工作要在滞后采煤机后滚筒约1.5m处进行，一般不超过3～5m。当顶板较破碎时，移架工作则应在采煤机前滚筒切割下顶煤后立即进行，以便及时支护新暴露的顶板，减少空顶时间，防止发生顶板抽条和局部冒顶现象。对于高瓦斯矿井和较低的综采工作面，为了保证其通风断面和工作面有足够的通风，也可采用先推溜后移架的滞后支护方式。此时，应特别注意与采煤机司机保持密切联系和配合，以免发生挤人、顶板落石和割前梁等事故。

移架的方式与步骤主要根据支架结构来确定,其次是工作面的顶板状况和生产条件。在一般情况下,液压支架的移架过程分为降架、移架和升架三个动作。为尽量缩短移架时间,降架时,当支架顶梁稍离开顶板就应立即将操纵阀扳到移架位置,使支架前移;当支架移到新的支撑位置时,应憋压一下,以保证支架有足够的移动步距,并调整支架位置,使之与刮板输送机垂直且架体平稳。然后操作操纵阀,使支架升起支撑顶板。升架时,注意顶梁与顶板的接触状况,尽量保证全面接触,防止点接触而破坏顶板。当顶板凸凹不平时,应先接顶再升架,以免顶梁接顶状况不好,导致局部受力过大而损坏。支架升起支撑顶板后,也应憋压一下,以保证支架对顶板的支撑力达到初撑力。在移架过程中,如果发现顶板卡住顶梁,不要强行移架,可将操纵阀手把扳到降架位置,使顶梁下降后再移架。

根据顶板情况和支架所用的操纵阀结构,可采用下列方法移架:

①如果顶板平整,较坚硬,支架操纵阀有降移位置,可操作支架边降边移,等降移动作完成后,再进行升柱动作。这种方法降移的时间短,顶板下沉量少,有利于顶板管理,但要求拉架力较大。如果有带压移架系统,操作就更方便,控顶也更有效。

②如果顶板坚硬、完整,顶底板起伏不平时,可选择先降支架后移架的方式。此方法可使顶梁脱离顶板一定距离,拉架省力,但移架时间长。总之,移架过程要适应顶板条件,满足生产需要,加快移架速度,保证安全。

(2)推溜。当液压支架移过8~9架后,约距采煤机后滚筒10~15m时,即可进行推溜。推溜可根据工作面的具体情况,采用逐架推溜、间隔推溜或几架支架同时推溜等方式。为使工作面刮板输送机保持平直状况,推溜时,应注意随时调节推溜步距,使刮板输送机除推溜段有弯曲外,其他部分应保证平直,以利于采煤机正常工作,减小刮板输送机的运行阻力,避免卡链、掉链事故的发生。在推溜过程中,如出现卡溜现象应及时停止推溜,待检查出原因、处理完毕后再进行推溜,不许强行推溜,以免损坏溜槽或推移装置,影响工作面正常生产。

3. 使用注意事项

液压支架在使用中应注意如下事项:

(1)在操作过程中,当支架的前柱和后柱作单独升降时,前后柱之间的高差应小于400mm。还应注意观察支架各部分的动作状况是否良好,如管路有无出现死弯、憋卡与挤压、破损等,相邻支架间有无卡架及相碰现象,各部分连接销轴有无拉弯等,发现问题应及时处理,以免发生事故。操作完毕后,必须将操作手把放到停止位置,以免发生误动作。

(2)在支架前移时,应清除掉入架内、架前的浮煤和碎矸,以免影响核架。如果遇到底板出现台阶时,应积极采取措施,使台阶的坡度减缓。若底板松软,支架底座下陷到刮板输送机溜槽水平面以下时,要用木楔垫好底座,或用抬架机构调正底座。

(3)移架过程中,为避免控顶面积过大,造成顶板冒落,相邻两支架不得同时进行移架。但是,当支架移设速度跟不上采煤机前进的速度时,可根据顶板与生产情况,在保证设备正常运转的条件下,进行隔架或分段移架。但分段不宜过多,因为同时动作的支架架数过多会造成泵站压力过低而影响支架的动作质量。

(4)移架时要注意清理顶梁上面的浮煤和矸石,以保证支架顶梁与顶板有良好的接触,保持支架实际的支撑能力,有利于管理顶板。若发现支架有受力不好或歪斜现象,应及时处理。

(5)移架完毕,支架重新支撑顶板时,要注意梁端距离是否符合要求。如果梁端距太小,采煤机滚筒割煤时很容易切割前梁;如果梁端距太大,不能有效地控制顶板,尤其当顶板比较破碎时,管理顶板更为困难,这就对梁端距提出更高的要求。

(6)操作液压支架手把时,不要突然打开和关闭,以防液压冲击损坏系统元件或降低系统中液压元件的使用寿命。要定期检查各安全阀的动作压力是否正确,以保证支架有足够的支撑能力。

(7)当支架正常支撑顶板时,若顶板出现冒落空洞,使移架失去支护能力,则需及时用坑木或板皮塞顶,使支架顶梁能较好地支撑顶板。

(8)液压支架使用的乳化液,应根据不同的水质选用适宜牌号的乳化油,并按5%乳化油与95%中性清水的配方配制乳化液。同时,应对所有水质进行必要的测定,不符合要求的要进行处理,合格后才能使用,以防腐蚀液压元件。在使用过程中,应经常对乳化液进行化验,检查其浓度及性能,把浓度控制在3%~5%之内。支架液压系统中,必须设有乳化液过滤装置。过滤器应根据工作面支架使用的条件,定期进行更换与清洗,以免脏物堆积造成阻塞。尤其在液压支架新下井运行初期,更应注意经常更换与清洗过滤器。

(9)液压支架在进行液压系统故障处理时,应先关闭进回波断路阀,以切断支架液压系统与主回路之间的连接通路。然后将系统中的高压液体释放,再进行故障处理。故障处理完毕后,再将断路阀打开,恢复供液。如果主管路发生故障需要处理时,必须与泵站司机取得联系,待停泵后才可以进行。

当工作面刮板输送机出现故障,需要用液压支架前梁起吊中溜槽时,必须将该架及左右邻架影响的几个支架推移千斤顶与刮板输送机的连接销脱开,以免在起吊过程中将千斤顶的活塞杆拉弯(垛式支架还应将本架与邻架的防倒千斤顶脱开),起吊完毕后将推移装置和防倒装置连接好。

(10)液压支架在使用过程中,要随时注意采高的变化,防止支架被"压死",即活柱完全被压缩而没有行程,支架无法降柱,也不能前移。使用中要及时采取措施,进行强制放顶或加强无立柱空间的维护,一旦出现"压死"支架情况,有以下两种处理方法:

①放炮挑顶。在用上述方法仍不能移架时,在顶板条件允许的情况下,可采用放小炮排顶的办法来处理。放炮要分次进行,每次装药量不宜过大。只要能使顶板松动,立柱稍微升起,就可拉架前移。

②放炮拉底。在顶板条件不好、不适于挑顶时,可采用拉底的办法。在底座前的底板处打浅炮眼,装小药量进行放炮,将崩碎的底板岩石块掏出,使底座下降。当立柱有小量行程时,就可拉架前移。在顶板破碎的情况下,用拉底的办法处理压架时,为了防止局部冒顶,可在支架两侧架设临时抬棚。

(11)如果工作面出现较硬夹石层、过断层或有火成岩侵入而必须放炮时,需履行审批手续,采取可靠的措施。放炮后应认真检查崩架情况。

(三)液压支架在破碎顶板条件下的移架操作

1. 带压擦顶移架

操作带有保持阀的支架时,要合理调定支架移置时应保持的工作阻力;操作无保持阀的支架时,应将降架和移架手把同时操作,当支架开始前移时停止降柱,使支架移架时保持一定的阻力,要注意不要损坏支架部件及输送机的有关部件(图2-25)。

2. 超前移架及时支护

工作面局部地段片帮较深时,可超前用采煤机割煤移架,及时支护空顶区,采煤机通过超前移架的支架时,必须注意安全,严防割坏支架(图2-26)。

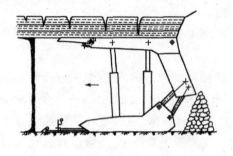

图 2-25 带压移架

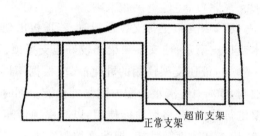

图 2-26 超前移架支架

3. 挑顺山梁护顶

采煤机割煤后,若新暴露出来的顶板在短时间内不会冒落,而在支架卸载前移时可能冒落,则可采取图 2-27 所示的挑顺山梁护顶措施。做法是:先移顶板完整处的支架,同时在支架前梁上方,沿平行煤壁的方向放置 1~2 根 3~4m 长的木梁,由其挑住附近不完整的易冒顶板。然后再移破碎顶板处的支架。若顶板破碎严重而极易冒落时,可以在挑梁的同时铺金属网或木板等护顶材料。

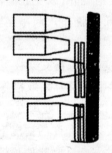
(a)无移架,放两根平行于煤壁的木架

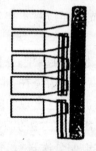
(b)移相邻支架

图 2-27 挑顺山梁护顶

4. 架走向棚护顶

当工作面顶板随采随落、冒落面积又较大时,用上述措施来不及支护,而且顶板条件也不允许把支架前梁降下来放置木梁。在此情况下,可以在相邻支架间超前架上垂直于煤壁的一梁二柱(或一梁三柱)的棚子护顶,在棚梁下面再架设 1~2 根平行于工作面煤壁的临时抬棚,如图 2-28(a)所示。平行于煤壁的临时抬棚应同时托住三架垂直于煤壁棚子的棚梁,然后移架,先用一架托住平行于煤壁的棚梁,如图 2-28(b)所示,这时就可以将两种棚梁下影响移架的支柱撤去,相邻支架在两种棚梁的掩护下顺利前移,如图 2-28(c)所示。

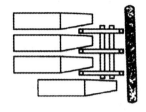 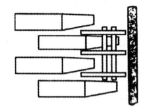 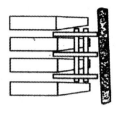

(a)移架前垂直于煤壁的棚子及平行于煤壁的临时抬棚　(b)先移一架,前梁挑住平行于煤壁的临时棚梁　(c)移相邻支架

图 2-28　架走向棚护顶

5. 垂直于工作面煤壁架梁护顶

与上述措施基本相似,只是架梁时根据煤壁的具体情况,分别采取在煤壁挖梁窝、靠煤壁打临时支柱(图 2-29(a))或梁前端支撑方式(图 2-29(b))。

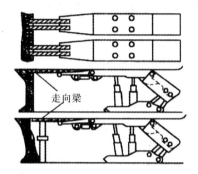 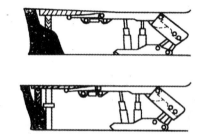

(a)不片帮或片帮不严重处架垂直于煤壁的护顶梁　　　　(b)片帮处垂直于煤壁的护顶梁

图 2-29　垂直于工作面煤壁架梁护顶

6. 打撞楔防治局部冒顶

综采工作面煤壁与支架梁端间的空顶区多发生顶板局部冒落,一般由煤壁片帮而引发。生产过程中,应经常仔细地观察破碎地段的顶板情况,当确认煤壁处有冒落危险或已沿煤壁发生冒落,且矸石顺煤壁继续下流,则可采取打撞楔(贯钎)的办法防治,如图 2-30 所示。

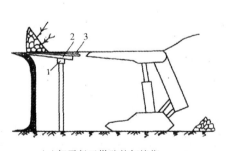 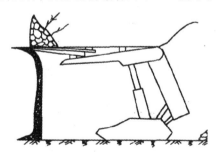

(a)架平行于煤壁的打撞楔　　　　　　　　　　(b)移架托住棚梁和撞楔

1—平行于煤壁的棚子;2—撞楔;3—木块

图 2-30　打撞楔防止局部冒顶

撞楔用木楔,其前端要削尖,长度要相同。做法是:打撞楔前先在冒顶处架平行于煤壁的棚子,把木楔放在棚梁上,其尖端指向煤壁,末端垫一方木块,然后用大锤打入冒顶处,将岩石托住使其不致冒落或不再继续冒落。移架时用支架前梁托住平行于煤壁的棚梁,即可

撤去棚腿。要求棚梁长度在 3.2m 以上，保证有 2~3 架支架同时托住，以便顺利移架，根据具体条件也可用圆钢、钢管等代替木楔。

对于层状结构比较明显的破碎顶板，也可采用向顶板打锚杆的办法锚固顶板，增加其稳定性。锚杆的布设参数依实际情况而定，如图 2-31 所示。

（四）防滑移架操作

在倾斜工作面上，为了有效地防止设备下滑，除采取采煤机上行割煤、机头超前、锚固输送机之外，还可采用防滑措施，在支架前移过程中，利用侧护板、防滑装置由上至下逐架上调。顶板条件不好时则应慎用。在工作面内，每隔 10~15m(7~10 架)安置一个牵引千斤顶，其两端分别经锚链与工作面输送机及液压支架底座相连接。千斤顶的活塞杆腔通过邻近架的操纵阀与泵站的无压管路相通，在本架支架推移输送机前，先操纵邻近架的操纵阀，使牵引千斤顶活塞杆收回而拉紧锚链，然后切断其液路，再操作本架推移输送机，这时锚链斜角增大，给输送机一个向上的牵引力，如图 2-32 所示。

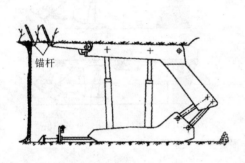

图 2-31　锚固顶板

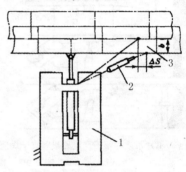

1—液压支架底座；2—牵引装置；3—工作面输送机

图 2-32　防滑移架操作

（五）液压支架下陷后的移架操作

1. 修坡插木板移架

支架轻微下陷，移架前，在支架底座下修一缓坡，垫几块木板，支架即可降柱前移到新的工作位置，如图 2-33 所示。

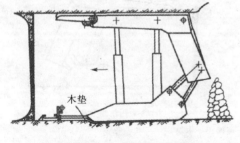

图 2-33　修坡插木板移架

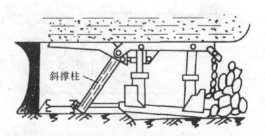

图 2-34　斜撑抬起法

2. 斜撑抬起法

在支架顶梁下打一个斜撑柱，并系上安全绳，以防倒柱伤人。然后降柱提起底座，此时可将木板垫入，再移支架到新的工作位置，如图 2-34 所示。

3. 邻架起吊法

在邻架顶梁与本架(下陷支架)底座间拴一个千斤顶,把本架吊起来,同时降柱移架,如图 2-35 所示。

4. 邻架共推法

支架下陷量过大,移架时可能会把工作面输送机拉回来。这时可同时操作数架相邻支架的推移千斤顶,先把输送机拉向支架,然后用锚链将下陷支架底座与输送机连接牢固。最后除本架(下陷支架)千斤顶不动外,相邻数支架的推移千斤顶同时推移输送机,使下陷支架前移。但是要求提前铲除下陷支架前方底板上的障碍,以减小移架阻力。要注意输送机的强度,保证不被损坏,如图 2-36 所示。

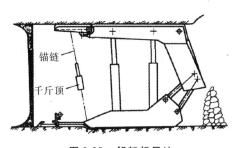

图 2-35 邻架起吊法

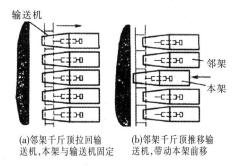

(a)邻架千斤顶拉回输送机,本架与输送机固定　　(b)邻架千斤顶推移输送机,带动本架前移

图 2-36 防滑移架操作

(六)防倒移架操作

1. 侧护扶正法

在倾斜工作面,移架后因支架重力的作用势必会出现歪斜,在升柱之前,应利用支架本身的侧护装置扶正后再升柱。

2. 顶扶法

若支架轻微倾倒,可在移架过程中扶正。做法是:移架前在支架倾倒方向顶梁下支一根斜撑柱子,并系上安全绳,以防伤人。移架时,支架在此斜撑柱子的作用下摆正。如图 2-37 所示。

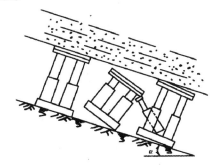

图 2-37 顶扶法　　　　　　　　　　图 2-38 拉扶法

3. 拉扶法

若支架倾斜较严重时,可用 2 个或多个千斤顶把支架拉正。在支架上方用千斤顶拉顶梁,在下方用千斤顶向反方向拉底座。如图 2-38 所示。

（七）压架的处理方法

1. 附加支柱法

在顶板、底板较松软或金属网假顶下，用 1 根或数根备用支柱支设在被"压死"的支架顶梁下方，并同时向这些支柱及被压支架供液，进行反复支撑。在加大的初撑力作用下，顶板松动，被压支架立柱就会有少量行程，降柱后便可带压擦顶移架。应特别注意备用支柱在支架顶梁下方支设时，必须直立于顶梁下，并且在支柱与顶梁间垫上木板，以防滑移。还应防止支柱倒柱伤人。如图 2-39 所示。

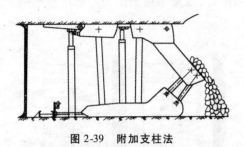

图 2-39　附加支柱法　　　　　　　图 2-40　挑顶法

2. 挑顶法

在顶板条件许可时，可采用放小炮挑顶的办法处理压架。放炮要分次进行。每次装药量不宜过大，只要能使顶板松动，支柱能稍微伸缩即可降柱移架。用此法处理压架时，严禁放明炮。如图 2-40 所示。

3. 卧底法

顶板条件不宜挑顶时，可采用起底的办法，即在支架底座肋前方底板处打浅眼，装小药量放炮。放炮后将崩碎的岩块掏出，使支架底座下降，当支柱有少量行程时便可操作移架。如图 2-41 所示。

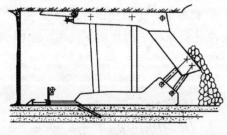 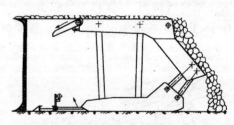

图 2-41　卧底法　　　　　　　　　图 2-42　松顶松底法

4. 松顶松底法

当支架上的矸石非常破碎或是金属网假顶时，可将顶梁上的破碎矸石挖掉一部分，只要支柱有少量行程便可操作移架。当支架下部有较多的浮矸、浮煤时，可将煤、矸掏出，以求支架活动而移架。如图 2-42 所示。

5. 支架的操作注意事项

（1）为了操作方便和便于记忆，操纵阀组中每片阀都带有动作标记，要严格按照标记操作，不得误操作。操作工必须了解支架各元件的性能和作用，熟练准确地按操作规程进行各种操作。归纳起来，支架操作要做到：快、够、正、匀、平、紧、严、净。"快"——移架速度快；

"够"——推移步距够;"正"——操作正确无误;"匀"——平稳操作;"平"——推溜移架要确保三直两平;"紧"——及时支护紧跟采煤机;"严"——接顶挡矸严实;"净"——架前架内的浮煤碎矸及时清除。

(2) 基本操作程序一般为割煤——拉架——移输送机,要求跟机工及时支护顶板,移架距离滞后采煤机滚筒 3~5m,推溜要滞后 10~15m。

(3) 在操作立柱进行升架和降架的同时,必须操作平衡千斤顶,使支架顶梁尽可能保持水平或稍上翘。

(4) 如果支架底座前端出现扎底,在移架时,操作抬底千斤顶将支架抬起,从而减小移架阻力。注意:移架后进行升架支护前,应确保抬底千斤顶活塞杆已收回。

(5) 及时清除支架和输送机之间的浮煤碎矸,以免影响移架;定期清除架内推杆下和柱窝内的煤粉、碎矸;定期冲洗支架内堆积的粉尘。

(6) 爱护设备,不准用金属件、工具等物碰撞液压元件,尤其要注意防止碰砸伤立柱、千斤顶活塞杆的镀层和挤坏胶管接头。

(7) 操作过程中若出现故障,要及时排除。操纵工也应带一定数量的密封件和易损件,应能排除一般故障;若不能排除时要报告,与维修工及时查找原因,采取措施迅速排除或更换零部件。

6 支架的维护和管理

(1) 基本要求。掌握液压支架的有关知识,了解各零部件的结构、规格、材质、性能和作用,熟练地进行维护和检修,遵守维护规程,及时排除故障,保持设备完好,保证正常的安全生产。

(2) 维护内容。包括日常维护保养和拆检维修,维护的重点是液压系统。日常维护保养要做到:一经常、二齐全、三无漏堵。"一经常"——维护保养坚持经常;"二齐全"——连接件齐全、液压元部件齐全;"三无漏堵"——阀类无漏堵、立柱千斤顶无漏堵、管路无漏堵。液压件维修的原则是:井下更换、井上拆检。

(3) 维修要求。维修前做到:一清楚、二准备。"一清楚"——维护项目和重点要清楚;"二准备"——准备好工具尤其是专用工具,准备好备用配件。维护时做到:了解核实、分析准确、处理果断、不留后患。"了解核实"——了解故障产生的前因后果并加以核实;"分析准确"——分析故障部位及原因要准确;"处理果断"——判明故障后要果断处理,该更换的即更换,需拆检的即上井检修;"不留后患"——树立高度的责任感和事业心,排除故障时不马虎、不留后患,设备不"带病运转"。

(4) 坚持维修检修制度。做到五检:班随查、日小检、周(旬)中检、月大检、季(年)总检。"班随检"——生产班维修工跟班随检,着重维护保养和一般故障处理;"日小检"——检修班维护检修可能发生故障的部位和零部件,基本保证三个生产班不出大的故障;"周(旬)中检"——在班检、日检的基础上进行周(旬)末的全面维修检修,对磨损、变形较大和漏堵零部件进行"强迫"更换,一般在6h内完成,必要时可增加 1~2h;"月大检"——在周(旬)检基础上每月进行一次全面检修,统计出设备完好率,找出故障规律,采取预防措施,一般在12h内完成,必要时可延长至1天,列入矿检修计划执行;"季(年)总检"——在每月的基础上每季(年)进行总检,一般在1天内完成,也可与当日大检结合进行,统计出季(年)设备完好率,验证故障规律,找出经验教训(亦可实行半年总结和年终总结)。

(5)对维护工的要求。维护工要做到:一不准、二安全、三配合、四坚持。"一不准"——井下不准随意调整安全阀压力;"二安全"——维护中要保证人和设备安全;"三配合"——生产班配合操作工维护保养好支架、检修班配合生产班保证生产班无大故障、检修时与其他工种互相配合共同完成检修班任务;"四坚持"——坚持正规循环和检修制度、坚持事故分析制度、坚持检修日志和填写有关表格、坚持技术学习提高业务水平。

四、任务实施

1. 熟悉工作环境
(1)本工作面所处的位置及巷道布置的方式。
(2)工作面的通风及运输系统。
(3)工作面的主要生产设备及配套布置方式。
(4)检查训练中存在的不安全因素。
2. 熟悉操作的设备
(1)熟悉设备的类型结构及特点。
(2)了解液压支架各种动作的功能和要求。
(3)选取某种支护方式,熟悉其操作的步骤和要求。
(4)熟悉各操纵阀所控件的控制部位和操作方法。
3. 操作准备
(1)检查管路系统是否完好。
(2)检查各部连接件是否完好。
(3)检查各活动部位是否蹩劲或有障碍。
4. 按即时支护方式操作练习
(1)收回护帮板到止点位置。
(2)降架 30~50mm。
(3)移架,移架步距为 600mm。
(4)调架,调顶梁处于水平(稍有上仰)位置,调侧护板使支架位正。
(5)升架,达到足够的初撑力。
(6)伸出护帮板,保持垂直稍前倾。
(7)推移输送机,推移步距为 600mm。
5. 注意事项
(1)姿势端庄。
①两脚:居支架底座的同一侧。
②两手:左手扶持右手操作或右手扶持左手操作。
③体态:猫腰状或半蹲状。
④眼神:眼的视线与动作部位协调一致。
(2)操作果断,不得犹豫。
(3)操作顺序符合支护的操作要求。
(4)一人操作,他人监护,轮流练习。
(5)操作中认真体验各种标准的实现。

任务三 液压支架安装与试运转

一、知识点

液压支架安装的质量标准。

二、能力点

(1)液压支架的安装。
(2)液压支架的试运转和验收。

三、相关知识

(一)支架的地面运输和试运转

1. 地面运输

(1)支架出厂验收合格后,将支架放置于最低位置,收回活动侧护板并由销轴紧固住,防止活动侧护板在运输途中伸出,以减少运输空间尺寸。

(2)液压系统内部一般应灌满乳化液,防止锈蚀液压元件;冬季运输时应采取防冻措施,以防冻坏液压元件。

(3)保护好支架管接头及空接头孔,用塑料帽堵保护,防止损坏密封面和污染管路及液压元件,确保密封性能。

(4)支架一般为整架运输,备件和需装箱的零部件要装箱发运,不得散发,以防丢失。

(5)在起吊和运输过程中,严禁重摔、掀倒支架,防止造成连接件和液压系统损坏。

(6)关于运输方式、条件及到站时间,双方要协商决定,并严格执行。

2. 地面综合试运转

(1)支架和其他配套设备到矿后,必须到货验收,按装箱单核验,一般制造厂应有人在现场;出现问题应造册并上报备案,要求得到合理解决。

(2)若到矿后不能及时在地面组装试运转,也不能及时下井安装,必须存放于室内,不要露天堆放,以免日晒雨淋,锈蚀零部件。

(3)主要综采设备下井前要求地面组装联合试运转,尤其是对于新上综采的用户和新型设备,地面组装联合试运转尤其必要。地面联合试运转一般是液压支架、输送机、乳化液泵站、采煤机和移动变电站、通讯信号设备的联合试运转等。支架的数量和输送机长度视地面大小而定,但支架不少于20架,输送机长度不小于30m。这样做的好处是:既可试验和测试主要配套设备的配套运转情况,又可以培训操作和维护人员。

(4)新上综采的单位,要进行地面设备综合试运转验收,由矿务局或集团公司以上的主管部门进行检查考核,验收合格才能下井安装。

(5)皮带输送机、转载机等设备是否参与地面试运转,要视现场条件而定。

(二)液压支架的安装方式

1.前进式安装法

安装过程:工作面压力大和顶板破碎时,可采取由工作面端头开始向里边扩帮边安装支架的前进式安装法(图2-43)。此法的安装顺序与支架运送方向一致,支架由入口开始依次往里安装。支架安装的同时,里边的开切眼逐步扩大,并在已安好支架的掩护下进行。支架进入时尾部朝前,以便调向入位,减小空顶面积。为给下架支架的安装创造条件,在安装本架时,顶梁上可预先挑上3块2~2.5m长的大板梁支架,卸车、调向、摆正、定位,主要是用绞车牵引,必须注意钢丝绳与支架的连接。支架调向时,严防碰倒临时支架的棚腿,对碍事的棚柱可以替换,补上临时支柱,防止冒顶。可制造一辆专门安装使用的转盘车,支架可以在车上转动。支架运输到组装硐室后,吊到转盘平车上,运送到安装地点,旋转90°,对准安装位置,用绞车拉下支架并拖到安装位置。

优点:有利于扩帮与安装平行作业。

缺点:第一架支架的安装位置必须事前给出,既要保证支架与输送机的连接位置准确,又要保证运煤时卸煤点合理,不会出现卡堵和拉回煤现象。安装工作面输送机挡煤板时因受液压支架底座箱的影响,很不方便,影响安装效率,必须沿工作面方向给出安装支架基准线,逐段扩帮时,装煤及运煤工作量大,劳动强度大。

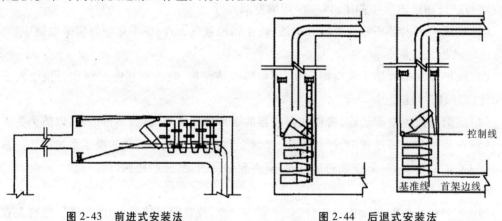

图2-43 前进式安装法　　　　图2-44 后退式安装法

2.后退式安装法

安装过程(图2-44):在顶板较好的情况下,开切眼一次掘好或一次扩好,铺轨后(或不铺轨)即可由里向外逐架进行安装。为了便于掌握支架间距,保证安装质量,将运送支架的轨道铺设在靠采空区一侧,工作面输送机可先于支架安装,每安装一架就与输送机中部槽连接一架(图2-44(a))。先安支架后安输送机时,先在工作面距煤壁1.6m处,平行工作面挂一条支架安装基准线,然后垂直基准线在工作面端部安装第一架支架并进行定位,以后沿工作面每6m挂一条垂直基准线的控制线,在此6m范围内安装4架支架(图2-44(b))。在支架安装中不断使用控制线校核支架的位置,以保证支架定位准确,便于与输送机的中部槽连接。支架在工作面安装地点的卸车、调向、摆正和定位等与前进式安装相同。支架定位后,接通连接泵站的高压乳化液管和回油管,将支架升起支撑顶板。为排除支架立柱内存留的空气,应将支架反复升降几次。安装完毕,要详细检查,达到安装质量标准和设备完好标准方可安装下一架。

优缺点：根据输送机头的位置，确定工作面第一架支架的位置和全部支架的安装定位，确保架间距达1.5m，能够保证安装后液压支架垂直于工作面输送机。安装工作面输送机时，工作空间较大，不受液压支架的影响和制约。切眼内出现片帮和局部冒顶后，可通过已形成的运煤系统进行清理，缩短清理时间，减轻劳动强度，开切眼内整洁，便于做到文明施工、安全施工。

（三）液压支架的安装程序及方法

1. 支架运行开切眼前的准备

（1）进支架前先检查巷道的支护情况，若有断梁、折柱或巷道底鼓变形倒柱等不完整处，要及时采用套棚的方法，加强支护。

（2）对所属范围内的轨道加强维护。

（3）准备30根3.15m的单体液压支柱，3根ϕ200mm×5000mm的红松圆木，接好2支注液枪。

（4）拆去输送机头处的一节轨道，从输送机机头处的煤帮柱开始，在平行于开切眼方向距中间点柱150mm处，用ϕ200mm×5000mm红松圆木架设两架抬棚，每架梁下支4根单体支柱。

2. 液压支架安装过程及注意事项

（1）第一架支架的安装。安装时，先定好位置，拆除输送机机头距安装地点10m处的轨道。支架运至轨道端头后，拆除固定支架装置，绞车牵引卸车，沿底板拉到安装地点，用两台绞车进行调向、对位。第一架支架进入调向位置后，及时回掉影响入位的支护。支架定位后，立即接通供液回液管路，升架支撑顶板。

（2）第二架支架的安装。

①第二架支架卸车前要先拆去一节轨道。支架卸车后，及时替掉影响调向的支柱。

②支架入位后，在支架顶梁上插入3根ϕ200mm×2900mm的长梁，即在溜子道靠点柱插一根长梁，插入支架200mm，长梁悬空端要支单体柱；第二根长梁插在两排点柱中间的支架的顶梁上，方法与第一根相同；第三根长梁插在轨道侧靠中间点柱处，插入支架顶梁上1m，悬空端支单体柱。然后升紧支架，用背板木楔将原棚梁与插梁构实。

③支架升紧后，在无点柱、无插梁支护的每根棚梁下支好单体柱。

（3）第三架支架的安装。

①第三架支架卸车后，先替掉影响调向的支柱，进行支架调向。

②班长要负责观察支架的调向情况，不得碰撞挤压插梁下支设的单体液压柱。若有倾倒的可能时，立即停止拉架、升架或调整拉架方向。

③若调整拉架方向后，插梁下的单体液压支柱仍影响调向时，可在两排点柱中间架设双腿棚，与中间锁上插梁组成连锁抬棚，必须把中间插梁向支架顶梁再插进1m。ϕ200mm×2900mm的红松圆木作为双腿棚，双腿用2根单体液压支柱支牢，其连锁段不小于1.4m。

④支架入位后，及时在支架顶梁上插入3根圆木，方法同第二架安装步骤②所述。在两排点柱中间插梁时，对于有影响的棚腿，在确保该棚架有一梁两柱时，可将其回掉。不是一梁二柱时，要先支好单体柱后再回棚腿。一般回两架棚的棚腿，保证中间插梁的悬空端在两排点柱中间。

(4)第四架及其他支架入位的工序。拆一节轨道,支架卸车,支架调向入位,支架顶梁上插梁、升架。

(5)支架入位到棚梁区段时,在每个支架顶梁上插入3根 $\phi 200mm \times 3000mm$ 的红松圆木,插梁间距1.5m,插入顶梁上的长度为1m,悬臂长度为2m,支好后,方可回掉长棚梁下该回的点柱。

(6)最后一架支架入位后,要顺回风巷在支架顶梁上插一根 $\phi 200mm \times 5000mm$ 的红松圆木,插梁的一端插入支架顶梁上,另一端要紧靠巷道内工作面煤帮侧棚腿,挑住回风巷的棚梁,并用木板和木楔构实。

(四)质量要求

(1)安装的支架要符合质量标准的规定,保证支架上下成一条直线,保证架间距为1.5m,并垂直于工作面刮板输送机。

(2)支架位置调好后,立即接通供液管路,将支架升起,顶梁与顶板之间的接触要严密,不得歪斜,局部超高或接触不好用本梁构实,支架达到初撑力。

(3)支架安装后要及时更换损坏和丢失的零部件,管路排列整齐,达到完好标准的要求,将液箱清洁干净,乳化液配比符合3%~5%的规定,支架工作压力符合规定要求。

(4)支架内外无浮矸、杂物、钢轨、木料等。

四、任务实施

液压管路系统的拆装步骤如下。

1. 液压支架管线路测绘

选取一台液压支架,观察该支架液压系统的组成:

(1)画出管线路草图(所有的元件用职能符号,管路用单线符号)。

(2)观察或测量各元件,列表反映各元件的名称、型号(规格)及数量。

(3)用4号图纸画出正规图。要求布局合理、符号形象大小适宜、线路正确、明细表填写完整。

2. 液压支架管路拆卸

对管件进行编号,管头进行防尘包扎,测量其规格或型号。

3. 液压支架管路安装

操作熟练,安装正确,管路排列整齐合理。

任务四　液压支架故障处理

一、知识点

(1)液压支架常见故障的诊断。

(2)液压支架常见故障的处理。

(3)液压支架的事故安全分析。

二、能力点

(1)熟悉液压支架常见故障的诊断方法。
(2)掌握液压支架常见故障的处理方法。
(3)会对液压支架的事故安全进行分析并得到启示。

三、相关知识

(一)支架常见故障及其排除

液压支架在井下使用过程中,由于煤层地质条件复杂,影响因素较多,加之如果在维护方面存在隐患或违规操作,则支架难免出现故障。因此,必须加强对综采设备的维护管理,使支架不出现或少出现故障。然而,支架一旦出现故障,不管故障大小,都要及时查明原因并迅速排除,使支架保持完好,保证综采工作面的设备正常运转。

下面对支架在使用中出现故障可能的部位、原因和排除方法分别作简要介绍。

1. 结构件和连接销轴

(1)结构件。支架的结构件通常不会出现大的问题,主要构件的设计强度足够,但在使用过程中也可能出现局部焊缝开裂,可能出现开裂的部位有:顶梁柱帽和底座柱窝附近;各种千斤顶支撑耳座四周;底座前部中间低凹部分等。其原因可能是:使用中出现特殊集中受力状态;焊缝的质量差;焊缝应力集中或操作不当等。处理办法:采取措施防止焊缝裂纹扩大;不能拆换上井的结构件,待支架转移工作面时上井补焊。

(2)连接销轴。结构件间以及与连接液压元件所用的销轴可能出现磨损、弯曲、断裂等情况。结构件的连接销轴有可能磨损,一般不会弯断;千斤顶和立柱两头的连接销轴出现弯断的可能性较大。销轴磨损和弯断的原因:材质或热处理不符合设计要求;操作不当等。如发现连接销轴磨损、弯断,要及时更换。

2. 液压系统及液压元件

支架的常见故障多数与液压系统的液压元件有关,如胶管和管接头漏液、液压控制元件失灵、立柱及千斤顶不动作等。因此,支架的维护重点应放在液压系统和液压元件方面。

注意:液压系统维修前,应将泵站及截止阀关闭,并确保电控阀组、单向锁及双向锁内液体无压力。

(1)胶管及管接头。造成支架胶管和管接头漏液的原因是:O形圈或挡圈大小不当或被切、挤坏,管接头密封面磨损或尺寸超差;胶管接头扣压不牢;在使用过程中胶管被挤坏、接头被碰坏;胶管质量不好或过期老化,起包渗漏等。采取的措施是:对密封件大小不当或损坏的要及时更换密封圈;其他原因造成漏液的胶管、接头均应更换;在保存和运输胶管接头时,必须保证密封面、挡圈和密封圈不被损坏;换、接胶管时不要猛砸硬插,安好后不要频繁拆装,平时注意整理好胶管,防止挤碰胶管、接头。

(2)液压控制元件。支架的液压元件,如操纵阀、液控单向阀、安全阀、截止阀、回油断路阀、过滤器等,若出现故障,则常常是密封件(如密封圈、挡圈、阀垫或阀座)等关键件损坏不能密封,也可能是阀座和阀垫等塑料件扎入金属屑而不能密封;液压系统污染,脏物杂质进入液压系统又未及时清除,致使液压元件不能正常工作;弹簧不符合要求或损坏,使钢球不能复位密封或影响阀的性能(如安全阀的开启、关闭压力出现偏差);个别接头、用于堵焊的焊缝可能渗漏,等等。采取的措施:液压控制元件出现故障,应及时更换上井检修;保持液压系统清洁,定期清洗过滤装置(包括乳化液箱);液压控制元件的关键件(如密封件)要保护好而不受损坏,弹簧件要定期抽检性能,阀类要做性能试验,焊缝渗漏要在拆除内部密封件后进行补焊,按要求做压力试验。

(3)立柱及千斤顶。支架的各种动作,要由立柱和各类千斤顶按设计要求动作来实现,如果立柱或千斤顶出现故障(例如动作慢或不动作),则直接影响支架对顶板的支护和推移等功能。立柱或千斤顶动作慢,可能是由于:乳化液泵压力低、流量不足;进回液通道有阻塞现象;几个动作同时操作造成短时流量不足;液压系统及液压控制元件有漏液现象。立柱或千斤顶不动作,其主要原因可能是:管路阻塞,不能进液;控制阀(单向阀、安全阀)失灵,进回液受阻;立柱、千斤顶活塞密封渗漏窜液;立柱、千斤顶缸体或活柱(活塞杆)受侧向力变形;截止阀未打开,等等。采取的措施有:管路系统有污染时,及时清洗乳化液箱和过滤装置;随时注意观察,不使支架产生整卡;立柱、千斤顶在排除整卡和截止阀等原因后仍不动作,则应立即更换并上井拆检;焊缝渗漏要在拆除密封件后到地面补焊并保护好密封面。

3. 支架的操作和支护

在支架操作和支护过程中可能出现的故障有:初撑力偏低、工作阻力超限、推溜不直、移架不及时;顶板管理不善,出现顶空、倒架等现象。

(1)初撑力和工作阻力。支架初撑力的大小,对控制顶板下沉和管理顶板有直接关系,因此必须保证支架有足够的初撑力。出现初撑力偏低的主要原因是:作为支架动力的乳化液压力不足或液压系统漏液;操作时供液时间短。保证足够初撑力的措施是:乳化液泵站的压力必须保持在额定工作压力范围内,随时观察乳化液泵站的压力变化,及时调整压力;液压系统不能漏液,应尽量减少管路压力损失。同时注意,过大的初撑力对某些顶板管理也不利。

支架的工作阻力超限对支架部件和液压元件不利,甚至造成损坏。支架工作阻力超限的主要原因:安全阀超过设计的额定工作压力;安全阀失去作用,达到额定的工作阻力时安全阀不开启泄压,造成工作阻力超限。防止工作阻力超限的办法是:对安全阀要定期检查调试,安全阀调定压力严格控制在额定工作压力(即工作阻力);井下不得随意调整安全阀的工作压力;在使用初期,应对支架进行测压,以便随时观察工作面压力的变化。如果没有安装测压阀,只看安全阀又不能判定工作阻力是否超限,则在顶板初次来压和周期来压时观察,如大部分安全阀或者全部安全阀没有开启,就必须检测安全阀是否可靠。通常情况下,工作面顶板来压或局部压力增大会使安全阀开启泄漏,这是正常现象;相反,安全阀不开启泄压,则说明支架工作阻力选得过大或调得过高。工作阻力也不应偏低,过低的工作阻力不利于管理顶板。

(2)推溜和移架。综采工作面要保持平直,与采煤机割煤时的顶底板是否平直有直接关系,也与推溜和移架是否平直有关,两者是相互影响的。如果顶底板割得起伏不平,甚至割出台阶,就不能顺利推溜、移架,反过来又影响采煤机的截深;顶底板起伏不平、输送机和支架歪斜,可能出现采煤机滚筒割铲煤板或顶梁。推溜、移架是否平直,是工作面保持两平三直的关键。

ZY6800/19/40 型两柱掩护式支架采用及时支护方式推移支架。在正常情况下,当采煤机割过煤后,以邻架操作方式,距采煤机后滚筒 3~5m 开始移架,按顺序逐架进行。移架后,距采煤机 10~15m 开始推移输送机,推溜和移架要协调,其弯度不可过大,一般 2~3 次到位。

(二)液压系统常见故障、原因及排除方法

液压系统常见故障、原因及排除方法

部位	故障现象	可能原因	排除方法
乳化液	泵不能运行	(1)电气系统故障 (2)乳化液箱中乳化液流量不足	(1)检查维修电源、电机、开关、保险等 (2)及时补充乳化液,处理漏液
	泵不输液、无流量	(1)泵内有空气,没放掉 (2)吸液阀损坏或堵塞 (3)柱塞密封漏液 (4)吸入空气 (5)配液口漏液	(1)使泵通气,经通气孔注满乳化液 (2)更换吸液阀或清洗吸液管 (3)拧紧密封 (4)更换距离套 (5)拧紧螺丝或换密封
泵站	达不到所需工作压力	(1)活塞填料损坏 (2)接头或管路漏液 (3)安全阀调值低	(1)更换活塞填料 (2)拧紧接头,更换管子 (3)重调安全阀
	液压系统有噪音	(1)泵吸入空气 (2)液箱中没有足够乳化液 (3)安全阀调值太低,发生反作用	(1)密封吸液管、配液器、接口 (2)补充乳化液 (3)重调安全阀
	工作面无液流	(1)泵站或管路漏液 (2)安全阀损坏 (3)截止阀漏液 (4)蓄能器充气压力不足	(1)拧紧接头,更换坏管 (2)更换安全阀 (3)更换截止阀 (4)更换蓄能器或重新充气
	乳化液中出现杂质	(1)乳化液箱口未盖严 (2)过滤器太脏、堵塞 (3)水质和乳化油有问题	(1)添液、查液后盖严 (2)清洗过滤器或更换 (3)分析水质,化验乳化油

续表1

部位	故障现象	可能原因	排除方法
立柱	乳化液外漏	(1)液压密封件不密封 (2)接头焊缝开裂	(1)更换液压密封元件 (2)更换,上井拆检补焊
	立柱不升或慢升	(1)截止阀未打开或打开不够 (2)泵的压力低,流量小 (3)操纵阀漏液或内窜液 (4)操纵、单向、截止阀等堵塞 (5)过滤器堵塞 (6)管路堵塞 (7)系统有漏液 (8)立柱变形或内外泄漏	(1)打开并开足截止阀 (2)查泵压、水源、管路 (3)更换上井检修 (4)查清更换上井检修 (5)更换清洗 (6)查清排堵或更换 (7)查清换密封件或元件 (8)更换,上井拆检
	立柱不降或慢降	(1)截止阀未打开或打开不够 (2)管路有漏堵 (3)操纵阀动作不灵 (4)顶梁或其他部位有憋卡 (5)管路有漏、堵	(1)打开截止阀 (2)检查压力是否过低、管路堵漏 (3)清理转把处塞矸尘或更换 (4)排除憋卡物并调架 (5)排除漏、堵或更换
	立柱自降	(1)安全阀泄液 (2)单向阀不能锁闭 (3)立柱硬管、阀接板漏 (4)立柱内渗液	(1)更换密封件或重新调定卸载压力 (2)更换上井检修 (3)查清外漏,更换检修 (4)其他因素排除后仍降,则换立柱上井检查
	达不到要求的支撑力	(1)泵压低,初撑力小 (2)操作时间短,未达泵压停供液,达不到初撑力 (3)安全阀调压低,达不到工作阻力 (4)安全阀失灵,造成超压	(1)调泵压,排除管路堵漏 (2)操作上充液时间足够 (3)按要求调安全阀开启压力 (4)更换安全阀

续表 2

部位	故障现象	可能原因	排除方法
千斤顶	不动作	(1)油路堵塞,或截止阀未开,或过滤器堵 (2)千斤顶变形不能伸缩 (3)与千斤顶连接件憋卡	(1)排除堵塞部位,打开截止阀,清洗过滤器 (2)来回供液均不动,则更换上井检修 (3)排除憋卡
	动作慢	(1)泵压低 (2)管路堵塞 (3)几个动作同时操作,造成流量不足(短时)	(1)检修泵、调压 (2)排除堵塞部位 (3)协调操作,尽量避免过多同时操作
	个别连动现象	(1)操纵阀窜液 (2)回液阻力影响	(1)拆换操纵阀检修 (2)发生于空载情况,不影响支撑
	达不到要求的支撑力	(1)泵压低,初撑力低 (2)操作时间短,未达到泵压,初撑力小 (3)闭锁液路漏液,达不到额定工作阻力 (4)安全阀开启压力低,工作阻力低 (5)阀、管路漏液 (6)单向阀、安全阀失灵,造成闭锁超阻	(1)调整泵压 (2)操作充液足够,达到泵压 (3)更换漏液元件 (4)调安全阀压力 (5)更换漏液阀、管线 (6)更换控制阀
	千斤顶漏液	(1)外漏主要是密封件损坏 (2)缸底、接头的焊缝出现裂纹	(1)除接头 O 形圈井下更换外,其他均更换上井检补焊 (2)更换上井检补焊
操纵阀	不操作时有液流声,间或有活塞杆缓动	(1)钢球与阀座密封不好,内部串液 (2)阀座上 O 形圈损坏 (3)钢球与阀座处被脏物卡住	(1)更换上井检修 (2)上井更换 O 形圈 (3)多动作几次无效,则更换清洗
	操作时液流声大且立柱千斤顶动作慢	(1)阀柱端面不平,与阀垫密封不严,进液通回液 (2)阀垫、中阀套处 O 形圈损坏	(1)更换,上井拆换阀柱 (2)更换,上井拆换
	阀体外渗液	(1)接头和片阀间 O 形圈损坏 (2)连接片阀的栓螺母松动 (3)轴向密封不好,手把端套处渗液	(1)更换 O 形密封圈 (2)拧紧螺母 (3)更换,上井拆换密封件
	操作手把折断	(1)重物碰击而折断 (2)与阀片垂直方向重压手把 (3)手把的质量差	(1)更换,严禁重物撞击 (2)更换,操作时不要猛推重压 (3)更换手把
	手把不灵活,不能自锁	(1)手把处进碎矸煤和煤粉过多 (2)压块磨损 (3)手把摆角小于 80°	(1)清洗 (2)更换压块 (3)手把摆角足够

续表3

部位	故障现象	可能原因	排除方法
液控单向阀	不能闭锁液路	(1)钢球与阀座损坏 (2)杂质卡住液路,造成不密封 (3)轴向密封损坏 (4)与之配套的安全阀损坏	(1)更换检修 (2)充液几次仍不密封,则更换检修 (3)更换密封件 (4)更换安全阀
	锁腔不能回液,立柱千斤顶不回缩	(1)顶杆断折、变形顶不开钢球 (2)控制液路阻塞不通液 (3)顶杆处损坏,向回路串液 (4)顶杆与套或中间阀卡塞,使顶杆不能移动	(1)更换检修 (2)拆检控制液管,保证畅通 (3)更换检修,换密封件 (4)拆检
安全阀	不到额定工作压力即开启	(1)未按要求额定压力调定安全阀开启压力 (2)弹簧疲劳,失去要求特性 (3)井下动了调压螺丝	(1)重新调压 (2)更换弹簧 (3)更换上井调试
	降到关闭压力不能及时关闭	(1)调座与阀体等有蹩足现象 (2)特性失效 (3)密封面粘住 (4)阀座、弹簧座错位	(1)更换上井检 (2)更换上井弹簧 (3)更换检修 (4)更换上井检查
	(3)渗漏现象	(1)主要是O形圈损坏 (2)阀座与O形圈不能复位	(1)更换上井换O形圈 (2)更换检查阀座、弹簧等
	外载超过额定工作压力,安全阀不能开启	(1)弹簧力过大、不符合要求 (2)阀座、弹簧座、弹簧变形卡死 (3)杂质脏物堵塞,阀座不能移动,过滤网堵死 (4)动了调压螺丝,实际超调	(1)更换弹簧 (2)更换上井检修 (3)更换清洗 (4)更换上井,重调
其他阀类	截止阀关不严或不能开关	(1)阀座磨损 (2)其他密封件损坏 (3)手把紧,转动不灵活	(1)更换阀座 (2)更换O形圈 (3)拆检
	回油断路阀失灵,造成回液倒流	(1)阀芯损坏,不能密封 (2)弹簧力弱或断折阀芯不能复位密封 (3)杂质脏物卡塞不能密封 (4)阀壳内与阀芯的密封面破坏,密封失灵	(1)更换阀芯 (2)更换弹簧 (3)更换清洗 (4)更换阀壳
	过滤器堵塞或滤网不起作用	(1)杂质脏物堵塞,造成液流不通或液流量小 (2)过滤网破损,失去过滤作用 (3)O形圈损坏,造成外泄液	(1)定期清洗外,发现堵塞要及时拆洗 (2)更换过滤网 (3)更换O形圈

续表 4

部位	故障现象	可能原因	排除方法
辅助元件	高压胶管损坏漏液	(1)胶管被挤、砸坏 (2)胶管过期老化断裂 (3)胶管与接头扣压不牢 (4)推移、升降时管被拉挤坏 (5)高低压管误用,造成裂爆	(1)清理好管路、更换坏管 (2)及时更换 (3)更换 (4)更换坏管,并整理好胶管,必要时用管夹整理成束 (5)更换裂管,胶管标记明显
	管接头损坏	(1)升降、推移架过程被挤碰坏 (2)装卸困难,加工尺寸或密封圈不合格 (3)密封面或O形圈损坏,不能密封 (4)接头体渗液为锻件裂纹气孔缺陷造成	(1)损坏接头及时更换 (2)拆检,密封圈不当要更换 (3)更换密封圈或接头 (4)更换接头
	U形卡折断	(1)U形卡质量不符合要求,受力折断 (2)装卸U形卡敲击折断 (3)U形卡不合规格,松脱推动连接作用	(1)更换U形卡 (2)更换并防止重力敲击 (3)按规格使用,松动时及时复位
	其他辅助液压元件损坏	(1)被挤坏 (2)密封件损坏,造成不密封	(1)及时更换 (2)更换密封件

四、任务实施

1. 故障诊断的依据

(1)要认真阅读有关技术资料,熟悉液压支架的结构原理。

(2)了解液压支架的性能特点,为综合分析运行工况打下基础。

(3)要不断地增加对设备的熟悉感,积累其运行的规律性知识和处理经验。

2. 故障诊断程序

由表及里、由现象到原因发现问题背后的一般性规律,主要采用听、摸、看、量结合经验分析的方法进行。

3. 处理故障的一般方法

(1)了解故障的表现和发生经过。

(2)分析故障的原因。

(3)做好排除故障前的各项准备工作。

(4)采取措施、按步骤地排除故障。
(5)做好其他工作。

思考复习题

1. 液压支架采用即时支护时,其操作步骤和动作标准是什么?
2. 液压支架液压系统主要由哪些液压元件组成?
3. 液压支架有哪些基本控制回路?
4. 维护液压支架的内容有哪些?
5. 液压支架立柱、千斤顶的完好标准是什么?
6. 处理液压支架故障的一般步骤是什么?
7. 熟悉支架的常见故障及处理方法。

项目三　BRW200/31.5型乳化液泵的使用与维护

任务一　乳化液泵基本知识

一、知识点

(1)了解乳化液泵的类型。
(2)掌握 BRW200/31.5 型乳化液泵的结构组成及作用。
(3)掌握 BRW200/31.5 型乳化液泵的工作原理。

二、能力点

(1)能说出乳化液泵各组成部分的名称,并说明其作用。
(2)能阐明乳化液泵的工作原理。

三、相关知识

(一)概述

1. BRW200/31.5 型乳化液泵的特点

BRW200/31.5 型乳化液泵组与相应的乳化液箱配套共同组成乳化液泵站。它由防爆电动机通过轮胎式联轴器带动泵运转,具有结构紧凑、体积小、重量轻、压力流量稳定、运行平稳、安全性能强、使用和维护保养方便等特点。

2. BRW200/31.5 型乳化液泵的用途及适用范围

BRW200/31.5 型乳化液泵组主要为煤矿井下综合机械化采煤液压支架提供动力源,也适合作为地面高压水射流清洗设备以及其他液压设备的动力源。

3. 型号含义

BRW200/31.5□:B——泵;R——第一特征代号(R-乳化液);W——第二特征代号(W-卧式);200——公称流量(200L/min);31.5——公称压力(31.5MPa);□——修改顺序号。

4. 使用环境条件

BRW200B1.5 型乳化液泵的使用环境条件如下:

(1)非封闭的室内、室外和煤矿井下采掘工作面。
(2)环境温度 0~45℃。
(3)介质温度 10~40℃。
(4)有甲烷、煤尘等爆炸性气体的环境。

（二）主要技术参数

进口压力：常压。

公称压力：31.5MPa。

公称流量：200L/min。

曲轴转速：561r/min。

柱塞直径：50mm。

柱塞行程：66mm。

柱塞数量：3根。

电动机型号：YBK2-315M-4。

电动机功率：125kW。

电动机电压：660/1140V。

电动机转速：1480r/min。

安全阀型号：FA-WS250/35。

安全阀工作压力：35MPa。

安全阀公称流量：250L/min。

安全阀调定压力：34.7~36.2MPa。

卸载阀型号：5XZF-WS。

卸载阀工作压力：40MPa。

卸载阀公称流量：250L/min。

卸载阀调定压力：35MPa。

卸载阀恢复压力：26.25~29.75MPa。

蓄能器充气容积：25L。

蓄能器额定压力：31.5MPa。

泵组外形尺寸：2460mm×995mm×1265mm。

泵组重量：2580kg。

工作介质：乳化液（含5%乳化油的中性水混合液）。

乳化液箱容积：1600L。

过滤精度：105μm。

卸载后泵的工作压力：≤1.5MPa。

（三）结构特征与工作原理

乳化液泵组由三相四级防爆电机、轮胎联轴器、乳化液泵、卸载阀、蓄能器等部分组成，各部分安装在共同的底拖上（图3-1）。

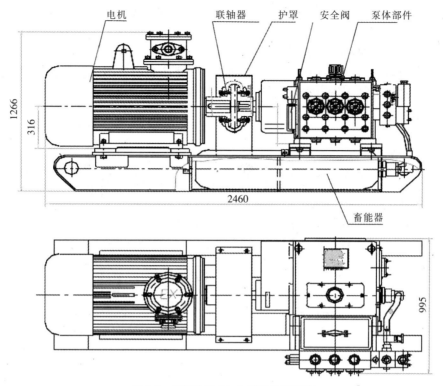

图 3-1 BRW200/31.5 型乳化液泵组

乳化液泵为卧式三柱塞往复泵,选用三相交流四极防爆电机驱动,经一级齿轮减速,带动三拐曲轴旋转,再由连杆、滑块带动柱塞做往复运动,使工作液在泵头中经吸、排液阀吸入和排出,此时机械能转换成液压能,输出压力液体,供执行机构动作。在泵的排液腔装有调整好的安全阀及自动卸载阀,在卸载阀的高压出口将 ϕ19 高压胶管与蓄能器连接。乳化液泵组液压系统如图 3-2 所示。

1. 乳化液泵

乳化液泵由曲轴箱、泵头组件、高压钢套组件、泵用安全阀等部件组成(图 3-3)。

(1) 曲轴箱。曲轴箱主要由箱体、曲轴、连杆、滑块、减速齿轮箱和轴齿轮等组成。

箱体是安装曲轴、减速齿轮箱、连杆、滑块、高压钢套及泵头等部件的基架,又

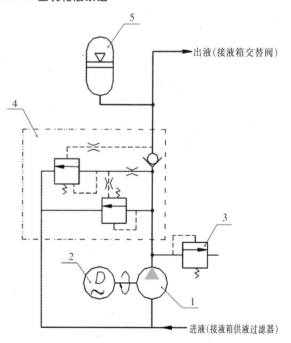

1—乳化液泵;2—电动机;3—安全阀;4—卸载阀;5—蓄能器

图 3-2 BRW200/31.5 型乳化液泵组液系统图

是运动过程中的主要受力构件,它采用高强度铸铁整体箱形结构,具有足够的强度和刚性。

曲轴由优质锻钢制成,为三拐曲轴。轴瓦为钢壳高锡铝合金薄壁瓦,滑块油封为骨架式专用油封。齿轮采用优质合金钢硬齿面,具有较高的传动精度。连杆大头选用剖分式结构,以便装拆,连杆小头选用圆柱销连接,工作可靠,润滑装置采用飞溅式润滑方式。在进液腔盖上方设有放气孔,以放尽进液腔内的空气。在进液腔盖下方设有防冻放液孔,可放尽进液腔内的液体。在箱体内曲轴下方设有磁性过滤器,可吸附润滑油中的铁磁杂物。

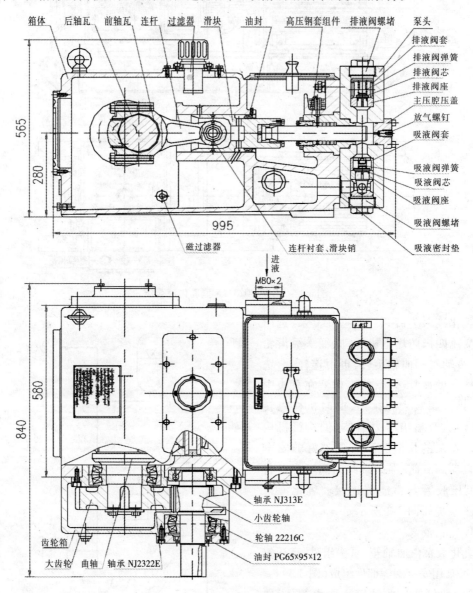

图 3-3　BRW200/31.5 型乳化液泵

(2)泵头组件(图 3-4)。泵头部分是重要的液力部分,输入低压液体后可输出压力液体,泵头下部安装三组吸液阀,上部安装三组排液阀,三组排液腔用孔道串通。进排液阀为锥形阀结构,均用不锈钢制成。在排液孔的一端装有安全阀,其调定压力为泵额定工作压力的 110%~115%,三个柱塞腔端部均设有放气螺钉,用以放尽该腔空气。

项目三　BRW200/31.5型乳化液泵的使用与维护

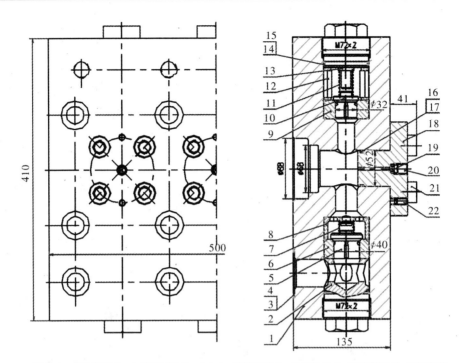

1—泵头;2—进液螺堵;3—O形密封圈70×3.1;4—吸液挡圈;5—吸液阀芯;6—吸液阀座;7—进液弹簧;8—吸液阀套;9—排液阀座;10—排液阀芯;11—排液阀弹簧;12—排液阀套;13—排液阀杆;14—O形密封圈68×3.1;15—挡圈A68×63×1.5;16—O形密封圈52×3.1;17—挡圈A52×47×1.5;18—高压腔压盖;19—阀球ϕ6;20—紧定螺钉M16×20;21—螺钉M20×45;22—紧定螺钉M10×20

图3-4　BRW200/31.5型乳化液泵头组件

(3)高压钢套组件(图3-5)。高压钢套组件主要由高压钢套、半圆环、柱塞、导向铜套、密封圈、垫片、支承环等组成。柱塞由优质炭钢制成,表面喷镀合金材料,经精密磨削使其具有较小的表面粗糙度、较高的硬度、良好的耐磨性和防锈性。柱塞密封为矩形多道密封结构形式,工作性能良好。

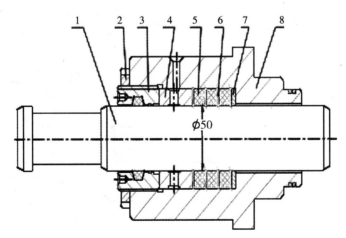

1—柱塞;2—锁紧螺母;3—压紧螺母;4—导向铜套;5—盘根密封圈;6—垫片;7—衬垫;8—高压钢套

图3-5　BRW200/31.5型乳化液泵高压钢套组件

2. 安全阀

安全阀主要由阀壳、阀座、阀芯、顶杆、弹簧座等零件组成(图 3-6)。安全阀是泵的高压保护零件,它的调定压力为泵工作压力的 110%~115%。来自泵的高压液通过阀座、阀芯、顶杆作用于弹簧上,当液体压力小于安全阀的调定压力时,在弹簧作用力下,安全阀关闭。当液体压力大于安全阀调定压力时,液体压力克服弹簧的作用力,阀被打开,泵就会泄漏。调整弹簧的作用力即能改变安全阀的开启压力。

3. 卸载阀

卸载阀主要由单向阀、主阀和先导阀组成(图 3-7)。

卸载阀的功能是:当供液系统压力超过卸载阀的调定压力时(如支架停止用液时),卸载阀动作,把泵排出的乳化液直接送入乳化液箱,使泵站处于空载下运行,既能节省电力,又能延长泵站使用寿命。

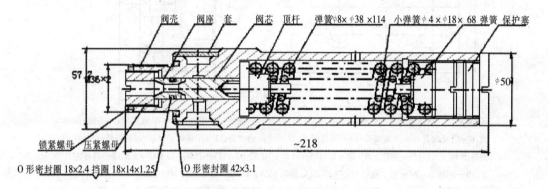

图 3-6　BRW200/31.5 高压钢套组件

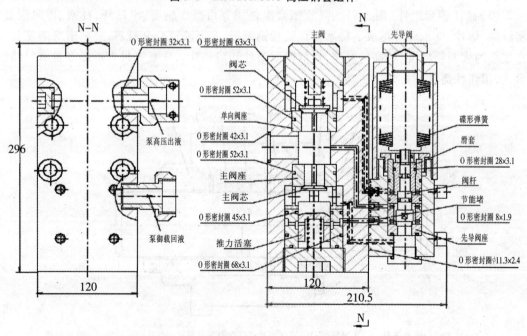

图 3-7　BRW200/31.5 高压钢套组件

卸载阀的工作原理:泵输出的高压乳化液进入卸载阀后,分成四条液路。第一条:冲开单向阀向支架系统供液;第二条:冲开单向阀的高压乳化液经控制液路到达先导阀滑套下腔,给阀杆一个向上的推力;第三条:来自泵的高压乳化液经中间的控制液路和先导阀下腔作用于主阀的推力活塞下腔,使主阀关闭;第四条:经主阀阀口,是高压乳化液的卸载回液液路。当支架停止用液或系统压力升高到超过先导阀的调定压力时,作用于先导阀滑套下端的高压乳化液顶开先导阀,使作用于主阀推力活塞下腔的高压乳化液卸载回零,主阀因失去依托而打开,此时乳化液经主阀卸载回乳化液箱,同时单向阀在乳化液的压力作用下关闭,单向阀上腔形成高压密封腔,从而维持阀的持续开启,实现阀的稳定卸载状态,泵处于低压运行。当支架重新用液或系统漏损,单向阀上高压腔压力下降至卸载阀的恢复工作压力时,先导阀在弹簧力的作用下关闭,主阀的推力活塞下腔重新建立起压力,主阀关闭,泵站恢复供液状态。

调节卸载阀的工作压力时,只需调节先导阀的调整螺套,即调节先导阀的碟形弹簧作用力,其调定压力为出厂时泵的公称压力。

4. 蓄能器

BRW200/31.5型乳化液泵采用公称容积为25L的气囊式蓄能器(图3-8),其主要作用是补充高压系统中的漏损,从而减少卸载阀的动作次数,延长液压系统中液压元件的使用寿命;同时还能吸收高压系统的压力脉动。蓄能器在安装前必须在胶囊内充足氮气。蓄能器内禁止充氧气和压缩空气,以免引起爆炸和胶囊老化。

蓄能器内的气体充气方法有3种:

(1)氮气瓶直接过气法:接上充气附件,拧开氮气瓶上

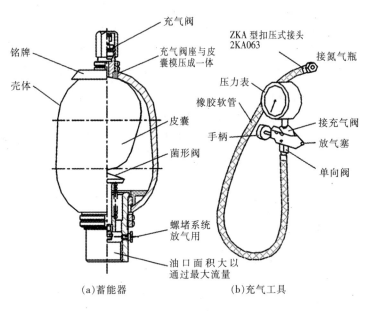

图3-8 蓄能器及充气附件

的开关。由于氮气瓶内的气体压力比蓄能器体内的气压高,所以氮气能被自然压入蓄能器。当压力表指示为所需要的压力时,关闭氮气瓶开关。充气不能过猛,以免把充气阀的橡胶塞子冲到胶囊里去。氮气充好以后,拧松充气阀上的放气螺栓,把充气管里的压力泄掉,才能拆下充气管和充气附件,充气工作即告完成。

(2)蓄能器增压法:如果蓄能器要求气体压力较高,氮气瓶中的气压较低,不能满足充气要求时,则采用蓄能器增压法充气。其工具是两套充气附件和一个蓄能器,方法是首先用氮气瓶直接过气法,将两个蓄能器都充好,然后把两个蓄能器上的充气阀的进气口用充气管连接起来,这样一个蓄能器相当于氮气瓶,另一个蓄能器为被充气的蓄能器,然后在相当于氮气瓶的蓄能器的另一端通入高压液,压缩胶囊,使胶囊的氮气充入被充气的蓄能器中,如此

反复几次,直到蓄能器达到所需压力为止。

(3)利用专用充氮机充气方法。在充气时,不管采用何种方法,都必须遵守下列程序:

①取下充气阀的保护罩。

②装上带压力表的充气工具,并与充气管连通。

③操作人员在启闭氮气瓶气阀时,应站在充气阀的侧面,缓慢开启氮气瓶气阀。

④通过充气工具的手柄,缓慢打开气门芯,缓慢地充入氮气,待气囊膨胀至菌形阀关闭时,充气速度方可加快,并达到所需的充气压力。

⑤充气完毕后将氮气瓶开关关闭,放尽充气工具及管道内的残余气体后,方能拆卸充气工具,然后将保护帽牢固旋紧。

泵站在使用中,应经常定期检查蓄能器的气体压力,蓄能器投入工作后,在最初10天内应当检查一次胶囊内气体压力,如无明显的渗漏,以后每月检查一次气体压力。蓄能器内的剩余气体压力最小值应大于或等于液压系统最大工作压力的25%,其最大值应小于或等于液压系统最小工作压力的90%。当蓄能器的气体压力小于上述气体最低压力时,就应当及时补充氮气。

蓄能器胶囊内氮气压力的测量:在实际使用过程中,往往需要知道蓄能器内氮气的实际压力,决定是否要补充氮气,可采用直接测量法。方法是取掉过渡接头,接上充气附件,使顶杆顶开充气阀芯,压力表读数即蓄能器内氮气压力。

蓄能器胶囊的更换:在更换胶囊时,首先要将充气附件装上,用顶杆顶开充气阀芯(即螺杆),放尽胶囊内气体,拆下充气阀,另一端的托阀也同时拆下来,检查有无损坏。拆胶囊时用工具轻轻撬松胶囊上口,慢慢拉出来即可。

胶囊装入前,首先要把蓄能器壳内清理干净,不得留有杂物,以免损坏胶囊。再在胶囊和钢瓶内涂一些乳化油,把胶囊沿轴向折起来,慢慢塞进去。必要时也可以用一根适当大小的棒,将其头部削圆,伸入胶囊慢慢推入,装好后可用手指检查胶囊口部内壁,如有皱折应挤压平整。装上其余零部件即可充气,把充好气的整个蓄能器浸入水中,确保无漏气后,拧上保护帽。

四、任务实施

(1)熟悉工作环境,了解使用设备。

(2)熟悉所使用乳化液泵的型号、组成结构、工作性能、工作方式等。

(3)熟悉乳化液泵主要部件的作用及使用操作方法。

任务二 乳化液泵使用与维护

一、知识点

(1)乳化液泵工岗位职责。

(2)乳化液泵工作业标准。

(3)乳化液泵工工作制度。
(4)乳化液泵站液压系统的组成、工作原理,泵站完好质量标准、维护管理。

二、能力点

(1)乳化液泵站运行操作、运行状态检测。
(2)乳化液泵站的润滑维护、调整维护。

三、相关知识

(一)泵的安装和调试

(1)安装时泵组应尽量水平放置,以保证良好的润滑条件。
(2)将液箱按放在泵组附近的适当位置,液箱不得低于泵组。
(3)分别将吸液胶管、高压胶管、回液胶管连接于泵组和液箱的对应接口上。
(4)将液箱内加满含5%乳化油的中性水混合液,泵组加足68#润滑油;将泵组吸液腔的放气螺钉拧松,放尽吸液腔内空气,打开液箱卸载上的手动卸载阀,点动电源开关,注意电机的转向应与所示旋向标牌相符。

(二)泵的使用和操作

(1)使用单位必须指定经专门培训的泵站司机操作管理,操作管理人员必须认真负责。
(2)在使用泵站前,应仔细检查润滑油的油位是否符合规定,油位在泵运转时不应低于玻璃油标的红线或超过绿线;各部位机件有无损坏,各紧固件特别是滑块锁紧螺套不应松动;各连接管道是否有渗漏现象,吸排液软管是否折叠。
(3)在确认无故障后,将吸液腔的放气螺钉拧松,把吸液腔内空气放尽,待出液后拧紧。点动电机开关,观察电机转向与所示箭头方向是否相同,如方向不同,应纠正电机接线后,方可启动。
(4)泵启动后,拧松高压腔螺堵上的M16内六角紧定螺钉,放尽高压腔内的空气,然后拧紧,空载运行5~10min,这时泵不出现异常噪音、抖动、管路泄漏等现象,方可投入使用。
(5)投入工作初期,要注意箱体温度不宜过高,油温应低于80℃,注意油位的变化,油位不得低于红线,液箱的液位不得过低,以免吸空,液温不得超过40℃。
(6)在工作中要注意柱塞密封是否正常,柱塞上有水珠是正常现象。如发现柱塞密封处漏液过多,要及时更换和处理。柱塞密封的锁紧压套不应压得过紧,一般压紧后退回1/6圈,以不泄流为宜,这样能延长柱塞密封圈的使用寿命。

(三)泵的维护和保养

泵站是整个液压系统的关键设备,维护保养工作是直接影响泵的使用寿命和正常清洗工作的重要环节,因此必须十分重视这项工作。

1. 润滑油

用N68#机械油,不应使用更低黏度的机油,以免影响润滑。
润滑油应在运行150h后换第一次油,同时清洗油池。加油时必须在滤网口加入,正常运行中作适当补充,严防粉尘、杂物进入箱体内。

2. 日常维护保养

(1)检查各连接运动部件、紧固件是否松动。

(2)检查吸排液阀的性能。平时应观察阀组动作的节奏声和压力表的跳动情况,如发现不正常,应拆开并检查排液阀组的完好情况,及时处理。

(3)检查各部位的密封是否可靠。

(4)检查液箱系统各部的积垢情况,及时清理。

(5)冬天使用时,在停泵后将进液腔内液体放尽,以免冻坏箱体。

3. 柱塞密封圈的更换方法

更换本泵柱塞密封时不必拆卸泵头,只需抽出柱塞就可进行。拆卸时先拆滑块连杆部,拧下螺套,脱开柱塞与滑块的连接,卸下泵头的柱塞腔压盖,松开钢套螺堵,用手盘动联轴器,从泵头端慢慢地抽出柱塞,卸下螺母及钢套螺堵,取出导向套及密封圈。复装时先装入密封圈(注意:密封圈切口应相互错开)及导向套,将钢套螺堵、螺母拧上几扣,在柱塞表面涂上润滑油后慢慢地塞进,复装柱塞与滑块的连接结构。在拧紧压紧螺堵时应盘动联轴器,在柱塞往复过程中逐渐拧紧,最后拧紧螺母,须注意密封圈的松紧度要适当。

4. 柱塞的修复

如柱塞表面稍有拉毛现象,须及时取出柱塞进行抛光,否则影响柱塞密封圈的使用寿命;如柱塞表面损坏严重,则需更换。

5. 保持润滑油油池的油量

为改善柱塞的润滑条件,在高压钢套的上方增加了润滑油池,池内加 N46# (相当于旧标号 30)机油,经绒线的毛细作用引至柱塞上,当班司机应及时添足油池油量。

6. 升井维修

泵在长期运行过程中,由于磨损和锈蚀等原因,失去了原有的精度和性能,应进行升井维修,根据实际情况更换易损件,才可能恢复其原来的性能。

(四)泵的故障与原因分析

故障	产生原因	排除方法
启动后无压力或压力上不去	(1)卸载阀单向阀阀面泄漏 (2)卸载阀主阀卡住,落不下 (3)卸载阀中节流堵小孔堵塞 (4)系统管路泄漏严重	(1)检查阀面,清除杂物 (2)检查并清洗主阀 (3)检查并排除堵塞 (4)修复系统管路
压力脉动大,流量不足甚至管道振动噪音大	(1)泵吸液腔内空气未排尽 (2)柱塞密封损坏,排液时漏液,吸液时进气 (3)吸液过滤器堵塞 (4)吸液软管过细过长 (5)吸排液阀动作不灵,密封不好 (6)吸排液阀弹簧断裂 (7)蓄能器内氮气无压力或压力过高 (8)供液不足或供液管内有残余空气	(1)拧松泵放气螺堵(螺钉),放尽空气 (2)检查柱塞副,修复或更换密封 (3)清洗过滤器 (4)调换吸液软管 (5)检查阀组,清除杂物使动作灵活、密封可靠 (6)更换弹簧 (7)充气或放气 (8)排除空气
柱塞密封处漏液严重	(1)柱塞密封圈磨损或损坏 (2)柱塞表面有严重划伤拉毛	(1)更换密封圈 (2)更换或修磨柱塞

续表

故障	产生原因	排除方法
泵运转噪音大,有撞击声	(1)滑块锁紧螺套松动 (2)轴瓦间隙加大 (3)泵内有杂物 (4)联轴器有噪音,电机与泵轴轴线不同轴	(1)拧紧锁紧螺套 (2)更换轴瓦 (4)清除杂物 (4)检查联轴器,调整电机与泵轴线
箱体温度过高	(1)润滑油不足、过多或太脏 (2)轴瓦损坏或曲轴颈拉毛	(1)加油或清洗油池并换油 (2)修刮曲轴或调换轴瓦
泵压力突然升高超过调定压力	(1)安全阀失灵 (2)卸载阀主阀芯卡住不动作或先导阀上节流堵小孔堵塞	(1)检查并调整或者调换安全阀 (2)检查并清洗卸载阀

四、任务实施

泵站运行状态的检查:

1. 工作压力的检查与调整

(1)检查方法:关闭供液截止阀——打开压力表开关阀——观察压力表读数——与额定压力比较——关闭压力表开关阀——打开供液截止阀。

(2)调整方法:打开盖帽——拧松锁紧螺母——调整压力(顺时针为增压、逆时针为降压)同时注意观察压力表读数——拧紧锁紧螺母——戴上盖帽。

2. 工作与卸载状态的检查

乳化液泵站在运行中的声响应有轻、重之分,即当工作面不用液时,泵站发出的声响清润;当液压支架工作时,泵站发出的声响沉闷。

3. 液压震动情况

观察液压管路不得有震动和有节奏的撞击声响。

4. 泵组的震动情况

观察泵组不得有剧烈的震动和其他噪声。

思考复习题

1. 乳化液泵工的岗位职责是什么?
2. 乳化液泵站日常维护的内容是什么?
3. 乳化液泵站的完好标准有哪些?
4. 乳化液有哪些使用优点?其配比的要求是什么?
5. 一套乳化液泵站由哪几部分组成?
6. 乳化液泵站液压系统由哪几部分组成?
7. 乳化液泵站的操作步骤是什么?
8. 乳化液泵站安全操作规程有哪些方面的内容?
9. 画出液压系统原理图。
10. 简述乳化液浆站常见故障及处理方案。
11. 制定乳化液泵站压力低、流量小的故障处理方案。

项目四　EBZ160型综合掘进机的使用与维护

任务一　掘进机基本知识

一、知识点

(1)了解掘进机的类型。
(2)掌握 EBZ160 型综合掘进机的结构组成及作用。
(3)掌握 EBZ160 型综合掘进机的工作原理。

二、能力点

(1)能指出掘进机各组成部分的名称并说明其作用。
(2)能阐明掘进机的工作原理。

三相关知识

(一)概述

1.特点

EBZ160 掘进机是一种中型掘进机,整机具有以下特点:
(1)截割部可伸缩,伸缩行程为 550mm。
(2)具有内、外喷雾,外喷雾前置,合理设计喷嘴位置,强化外喷雾效果。
(3)铲板底部大倾角,整机地隙大,爬坡能力强。
(4)中间运输机为平直结构,与铲板搭接顺畅,龙门高、运输通畅。
(5)本体、后支承为箱体形式焊接结构,刚性好,可靠性高。
(6)液压系统采用恒功率、压力切断、负载敏感控制。
(7)电气系统采用新型综合保护、模块化设计,具有液晶汉字动态显示功能。
(8)重心低,机器稳定性好。

2.主要用途及适用范围

该机主要用于煤岩硬度 $f \leqslant 7.5$ 的煤巷、半煤岩巷以及软岩的巷道、隧道快掘进,能够实现连续切割、装载、运输作业。最大定位截割断面 24m,最大截割硬度 $\leqslant 75$MPa,纵向工作坡度为 $\pm 16°$。

执行标准:MT/T 238.3-2006 悬臂式掘进机通用技术条件。

3.产品名称、型号和型号含义

(1)名称:EBZ160 型掘进机。
(2)型号含义:

EBZ160：E——掘进机；B——悬臂式；Z——纵轴式；160——截割电机功率(kW)。

4．使用环境条件

EBZ160型综合掘进机在下列条件下可正常工作：

(1)海拔高度：≤2000m。

(2)环境温度：-20～+40℃。

(3)周围空气相对湿度：≤90%(+25℃)。

(4)在有瓦斯、煤尘或其他爆炸性气体环境的矿井中。

(5)与垂直面的安装斜度不超过16°。

(6)在无强烈震动的环境中。

(7)在无破坏绝缘的气体或蒸气集中的环境中。

(8)在无长期连续淋水的地方。

(9)污染等级：3级。

(10)安装类别：Ⅲ类。

5．安全保护

EBZ160型综合掘进机具有下列安全保护性能：

(1)掘进机电控设备的设计、制造符合GB3836和《煤矿安全规程》2004版的规定。

(2)所有安标受控配套件均取得煤矿安全标志准用证。

(3)掘进机设有启动报警装置和前后照明灯。

(4)掘进机设有制动系统及防滑保护装置。

(5)截割机构和装运机构设有过载保护装置。

(6)在电控系统中设有闭锁装置。

(7)液压系统设有过滤装置，还设有压力、油温、油位显示装置。

(8)电控系统设有紧急切断和闭锁装置，在司机位另侧还装有紧急停止按钮。

(9)掘进机设有内、外喷雾系统，并设有水过滤装置。

(10)掘进机具有液晶汉字动态显示提示操作功能。

(二)技术特征

1．整机参数

(1)型号：EBZ160。

总体长度(m)：9.30。

总体宽度(m)：2.90。

总体高度(m)：1.65。

总重(t)：43。

切割卧底深度(m)：0.22。

地隙(m)：0.22。

龙门高度(m)：0.45。

爬坡能力：±16°。

截割硬度(MPa)：≤75。

(2)截割范围：

高度(m)：4.8。

宽度(m):5.5。
面积(m^2):24。
(3)截割部：
截割头形状：圆锥台形。
截割头转(r/min):46/23。
电动机：YBUD-160/80-4/8 隔爆水冷型 1 台。
喷雾：内、外喷雾方式。
(4)铲板部：
装载形式：三齿星轮式。
装载宽度(m):2.90。
星轮转数(r/min):33。
装载能力 m^3/min(最大):4.2。
原动机：液压马达 2 台。
(5)第一运输机：
形式：边双链刮板式。
溜槽断面尺寸(mm):540(宽)×370(高)。
链(m/min):61。
张紧形式：弹簧、丝杠张紧。
运输能力(m^3/min):6.0。
原动机：液压马达 2 台。
(6)行走部：
形式：履带式。
履带板宽度(mm):520。
制动方式：体式多片制动器(减机内置)。
对地压强(MPa):0.14。
行走度(m/min):0~6。
张紧形式：油缸张紧、卡板锁紧。
原动机：液压马达+减机各 2 台。
(7)液压系统：
系统压力(MPa):18。
柱塞变量双泵(ml/r):A11V0130/130 1 台。
液压马达。
行走部：A2FE125 2 台。
铲板部：IAM1200H4 2 台。
第一运输机部：IAM400H2 2 台。
油箱容量(L):500。
油泵电动机：YBU-75 隔爆风冷 1 台。
换向阀：手动式 2 组。
油冷却器：内、外置水冷却式各 1 台。
(8)水系统：
外来水量(L/min):100。

外喷雾水压(MPa):1.5。
内喷雾水压(MPa):3.0。
2.电气部分
(1)主回路:
额定电压:AC1140/660V。
额定电流:≤300A。
额定频率:50Hz。
输出分路数:4路。
总功率:235kW。
(2)截割电机
形式:掘进机用隔爆型三相异步电动机水冷式。
规格型号:YBUD-160/80-4/8,绝缘等级:H级,工作方式:S1。
额定电压:AC1140/660V,双Y/△。
额定电流:高:95A/165A,低:62A/108A。
(3)油泵电机:
形式:掘进机用隔爆型三相异步电动机风冷式。
规格型号:YBU-75,绝缘等级:H级,工作方式:S1。
额定电压:AC1140/660VY/△。
额定电流:46A/80A。
(4)截割急停、总急停按钮:
形式:矿用隔爆型。
规格型号:BZJA2-5/127,附带锁紧装置。
额定电压:127V。
额定电流:5A,内部按钮为常开。
用途:总急停按钮:用于紧急停机。
截割急停按钮:用于停止截割电机。
(5)电铃:
形式:矿用隔爆型。
规格型号:BAL1-36/127-150。
额定电压:AC127V。
额定电流:0.35A。
用途:开机信号,启动报警。
(6)照明灯:3盏:
形式:矿用隔爆型。
规格型号:DGY35/24B。
额定电压:AC24V。
额定电流:3A。

(三)主要结构与工作原理
1.总体结构及工作原理
本掘进机由截割部、铲板部、第一运输机、本体部、行走部、后支承、液压系统、水系统、润滑系统、电气系统等构成,总体结构如图4-1所示,液压原理如图4-2所示。

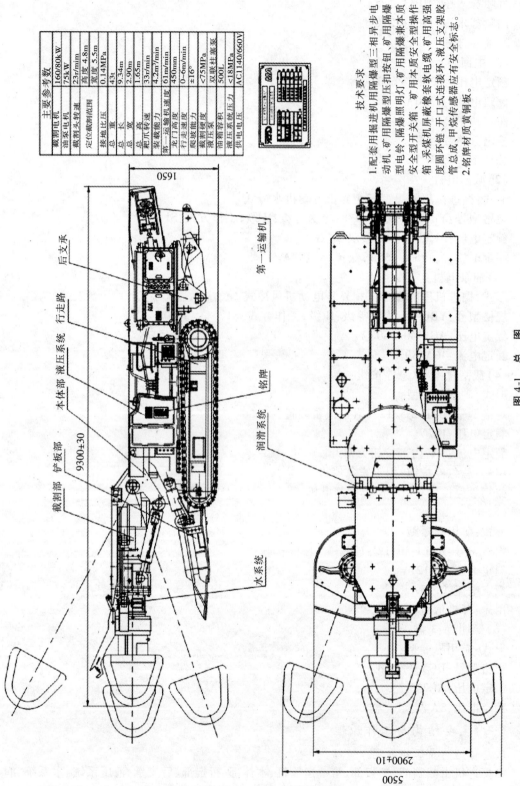

图 4-1 总 图

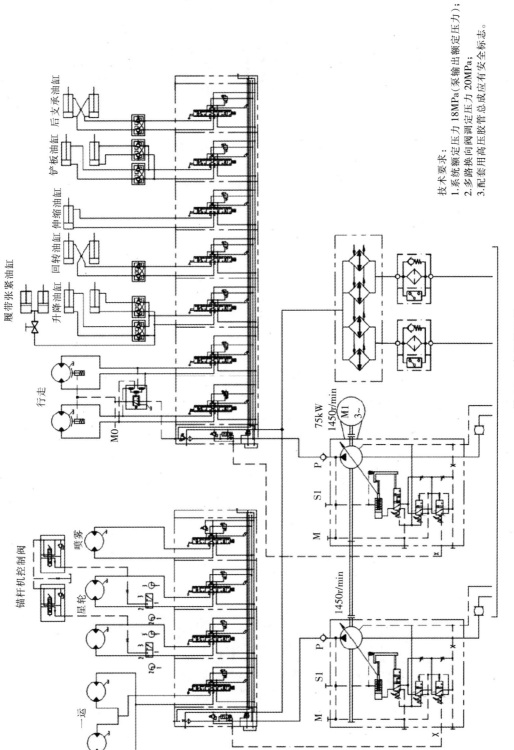

图 4-2 液压原理图

2.主要部件的结构、作用及工作原理

(1)截割部由截割头、伸缩部、截割减速机、截割电机组成,如图4-3所示。

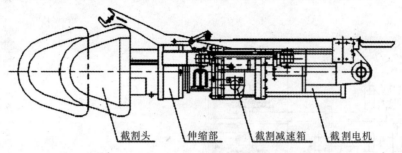

图4-3 切割部

(2)截割头为圆锥台形,在其圆周螺旋分布41把截齿。截割头通过花键套和2个M30×90的高强度螺栓与截割头轴相连,使主轴带动截割头旋转,如图4-4所示。

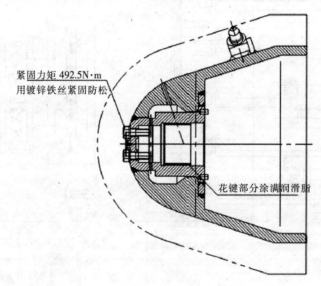

图4-4 截割头

(3)伸缩部位于截割头和截割减速机中间,通过伸缩油缸使截割头具有550mm的伸缩行程,如图4-5所示。

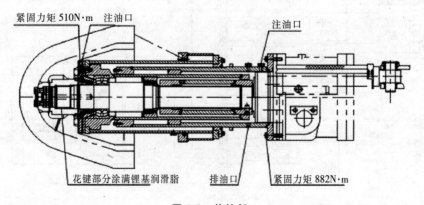

图4-5 伸缩部

(4)截割减速机是两级行星齿轮传动,它和伸缩部通过 26 个 M24 的高强度螺栓相连,如图 4-6 所示。

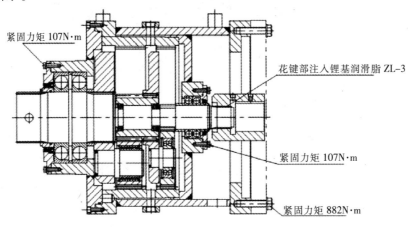

图 4-6 减速器

(5)截割电机为双速水冷电机,使截割头获得 2 种转速,它与截割减速机通过定位销和 25 个 M24 的高强度螺栓相连。

3. 铲板部

铲板部由主铲板、侧铲板、铲板驱动装置、从动轮装置等组成,通过 2 个液压马达带动三齿星轮,把截割下来的物料装到第一运输机内,如图 4-7 所示。

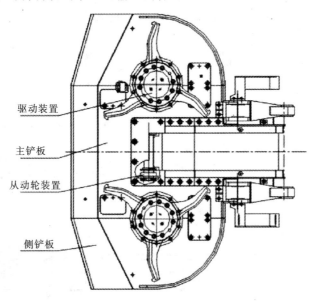

图 4-7 铲板部

(1)铲板宽度为 2.9m,由主铲板、侧铲板用高强度螺栓连接组成,铲板在油缸的作用下可向上抬起 342mm,向下卧底 356mm。

(2)铲板驱动装置是通过同一油路下的两个控制阀各自控制一个液压马达,对弧形三齿星轮进行驱动,并能够获得均衡的流量,确保星轮在平稳一致的条件下工作,提高工作效率,降低故障率。驱动装置如图 4-8 所示。

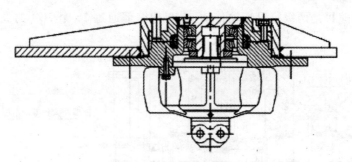

图 4-8　铲板驱动装置

4. 第一运输机

第一运输机位于机体中部，是边双链刮板式运输机。运输机分前溜槽、后溜槽。前、后溜槽用高强度螺栓连接，运输机前端通过插口与铲板和本体销轴相连，后端通过高强度螺栓固定在本体上。它采用两个液压马达直接驱动链轮，带动刮板链组运动实现物料运输。张紧装置采用丝杠加弹簧缓冲的结构，对刮板链的松紧程度进行调整。驱动装置如图 4-9 所示，第一运输机如图 4-10 所示。

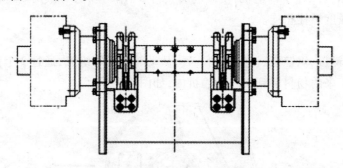

图 4-9　第一运输机驱动装置

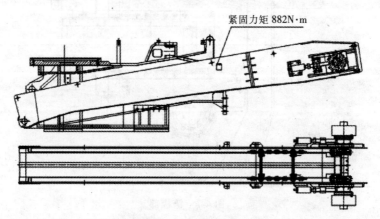

图 4-10　第一运输机

5. 本体部

本体部位于机体的中部，是以板材焊接而成。本体的右侧装有液压系统的泵站，左侧装有操纵台，前面上部装有截割部，中部装有铲板部及第一运输机。在其左、右侧下部分别装有行走部，后部装有后支承部。本体部结构如图 4-11 所示。

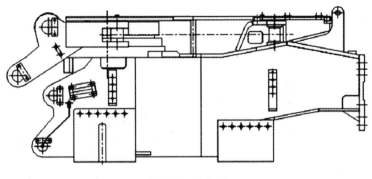

图 4-11　本体部

6. 行走部

行走部主要由定量液压马达、减速机、履带链、张紧轮组、张紧油缸、履带架等部分组成。定量液压马达通过减速机及驱动轮带动履带链实现行走。履带链与履带架体采用滑动摩擦式,简化了结构。行走部结构如图 4-12 所示。

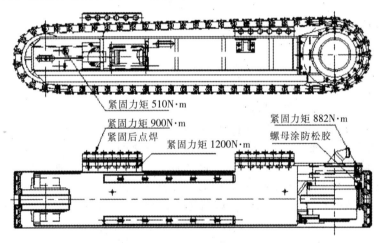

图 4-12　行走部

(1) 履带张紧机构是由张紧轮组和张紧油缸组成,履带的松紧程度是靠张紧油缸推动张紧轮组来调节的。张紧油缸为单作用形式,张紧轮伸出后靠卡板锁定。

(2) 行走减速机用高强度螺栓与履带架连接。履带架采用挂钩及一个竖平键与本体相连,用 12 个 M30 高强度螺栓紧固在本体的两侧。

7. 后架

后架的作用是减少机体在截割时的振动,提高工作稳定性,并防止机体横向滑动。在后架架体两边分别装有升降支承器,利用油缸实现支承。后架架体用 M24 的高强度螺栓通过键与本体相连,后架的后部与第二运输机连接。电控箱、泵站都固定在后架支架上。后架结构如图 4-13 所示。

8. 液压系统

液压系统是由油缸(包括截割头升降油缸、截割头回转油缸、截割头伸缩油缸、铲板油缸、后支承油缸、履带张紧油缸)、马达(包括行走、运输、内喷雾马达)、操纵台、泵站以及相互连接的油管等组成。各图见《EBZ160 掘进机装配图册》。液压原理图如图 4-2 所示。

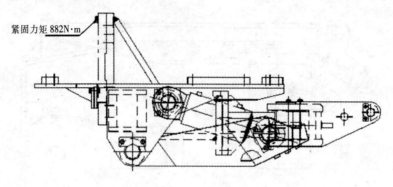

图 4-13 后架

(1)液压系统的功能。

①行走马达驱动。

②星轮马达驱动。

③第一运输机马达驱动。

④内喷雾泵马达驱动。

⑤截割头的上、下、左、右、前、后移动。

⑥铲板的升降。

⑦后支承器的升降。

⑧履带的张紧。

⑨为锚杆机提供两个动力接口。

(2)油泵、液压马达和油缸。泵站由75kW电机驱动,组合变量油泵,通过油管和阀组将压力油分别送到截割部、铲板部、第一运输机、行走部、后支承的各液压马达和油缸。本机共有11个油缸,具体为截割头升降油缸2个、铲板升降油缸2个、截割头回转油缸2个、后支承器的升降油缸2个,以上油缸均设有安全型平衡阀,截割头伸缩油缸1个,履带张紧油缸2个。

(3)操纵台。操纵台上装有换向阀、压力表,可以通过操作手柄完成各油缸及液压马达的动作,通过压力表开关的不同位置分别检测各回路油压状况。

(4)油缸和马达的过负荷保护。为防止油缸和马达过负荷而造成损坏,液压系统设有过载保护功能。

9.水系统

水系统分内、外喷雾水路。外来水经反冲洗过滤器过滤后分为两路,第一路经油箱内置冷却后,通过四通块分为三路通往外喷雾,由雾状喷嘴喷出;第二路经二级过滤、减压、冷却(液压系统外置冷却器)再分为两路,一路经截割电机(冷却电机)后射流喷出,另一分路经水泵加压(3MPa)后,由截割头内喷出,起到冷却截齿及灭尘作用。

注意:截割头在截割前,必须启动内喷雾,否则易造成喷嘴阻塞,影响灭尘效果。

四、任务实施

(1)熟悉工作环境,了解使用设备。

(2)熟悉所使用掘进机的型号、组成结构、工作性能、工作方式等。

(3)熟悉掘进机主要部件的作用及使用操作方法。

(4)了解掘进机供电系统和控制装置的作用及操作使用方法。

任务二　掘进机使用与维护

一、知识点

(1)工作机构的类型及结构特点,传动系统及工作原理。
(2)装运机构的类型及结构特点、传动系统及工作原理。
(3)行走机构的类型及结构特点、传动系统及工作原理。
(4)液压系统的组成及工作原理、维护方法及质量标准。
(5)掘进机冷却喷雾系统的组成、原理,提高降尘效果的途径、措施。
(6)掘进机使用操作的有关规定。

二、能力点

(1)工作机构易损件的更换、调整维护。
(2)装运机构的日常维护。
(3)行走机构的日常检查维护、调整维护、润滑维护。
(4)液压系统的调整维护、油液维护。
(5)喷雾头的更换,冷却器的清洗。
(6)掘进机在特殊条件下的操作。

三、相关知识

使用操作:
(1)只有被授权操作的人才能操作掘进机。
(2)在操作本机前,须阅读使用说明书。
(3)只有当掘进机一切正常,并完成了全部检查工作后,才能操作使用。
(4)除了操作人员外,在截割头转动或者掘进机行走时,其他人员都必须站在机器的后面(包括运输机的后面)。
(5)机器停止时,所有阀杆应恢复中位(部分阀杆不能自动复位,需手动复位),司机离开时应闭锁紧停按钮。
(6)操作人员穿戴的工作服必须为不易被缠入机器的衣服。
以下介绍液压部分的操作。

(一)使用前的准备和检查

(1)必须检查顶板的支护是否可靠。
(2)在每天工作前应认真检查机器状况。
(3)操作者开动掘进机前,必须发出警报,只有在铲板前方和截割臂附近无人时,方可开动掘进机。

(二)使用时的安全防护

(1)当进行顶板支护或检查、更换截齿作业时,可将截割部作为脚踏台利用,但是如果此时由于误操作,而使截割头转动的话,则是非常危险的。为防止误操作造成的危险,在司机席前方设置了使截割电机不能启动的安全锁紧开关,如图4-14所示。

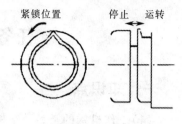

图4-14 紧急停止开关

(2)当支护作业时,必须先将此开关锁紧。然而在此状态下,油泵电机还是能启动的,各切换阀也是能操纵的,因此在操作时,必须充分注意安全。

注意:此锁紧开关与油箱前面的紧急停止开关结构相同,而功能不同,锁紧开关只控制截割电机启动,而油箱前紧急停止开关则控制整机的运转。

(三)操作顺序(换向阀操作)

当启动油泵电机时,与其直接相连的两个油泵随之启动,供给液压油。本机控制换向阀分为二组,在司机座席前端是阀组Ⅰ,其右侧是阀组Ⅱ,如图4-15所示。在相应位置都有操作指示板,应记住操作方法,避免由于误操作而造成事故。

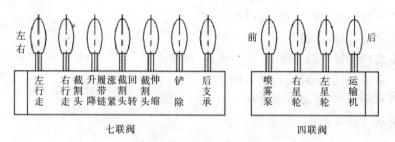

图4-15 换向阀控制手柄

1.行走

(1)行走有两个手柄,左侧手柄控制左侧行走,右侧手柄控制右侧行走,如图4-16所示。

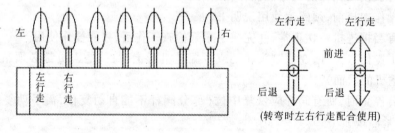

图4-16 行走运转

(2)将手柄向前推,即向前行走。

(3)将手柄向后拉,即后退。

(4)过道时,根据弯道的转向,两个手柄要同时向相反的方向拉动。

注意:当在比较狭窄的巷道转弯时,前部的截割头及后部的第二运输机不要碰撞左右的支柱。

(5)履带张紧操作:履带张紧油缸与截割头升降油缸共用一组换向阀,原理如图4-2所示,操作阀示意图如图4-17所示。履带张紧油缸张紧前,将铲板和后支承支起,即将履带抬起,打开操纵台中的高压截止阀,将换向阀手柄向前推,张紧油缸开始动作。在此过程中注意履带的下垂度,其值为 30~50mm;在操作换向阀时要缓慢推动手柄,并注意观察油缸的运行速度。张紧完成后装上油缸卡板,手柄回中位油缸泄荷,关闭高压截止阀。

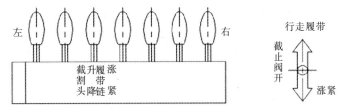

图 4-17 履带张紧

(6)张紧油缸回缩:将铲板和后支承支起,取出油缸卡板后关闭油泵,打开高压截止阀,换向阀手柄在中位,由履带自重使油缸活塞杆回缩。

注意:推动手柄时不要将手柄推到最大位置,因为此时该阀的流量最大,而油缸行程很短(120mm),易致使张紧油缸运动速度过快,进而导致液压冲击破坏油缸密封。

2. 铲板的操作

(1)铲板的升降:若将手柄向前推动,如图 4-18 所示,铲板向上抬起,铲尖距地面高度可达 342mm。将手柄向后拉,铲板落下与底板相接,铲板可下卧 356mm。

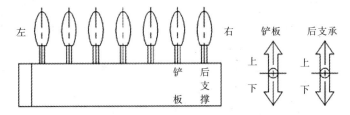

图 4-18 铲板和后支承升降

注意:当铲板抬起,截割头处于最低位置时,截割部的下面与星轮相碰,将会给掘进机带来不利。截割时,应将铲尖与底板压接,以防止机体的振动;行走时,必须抬起铲板。

(2)星轮运转:星轮分左、右控制手柄,其操作方式相同,如图 4-19 所示。将手柄向外推,星轮反转;将手柄向内拉,星轮正转;当手柄置于中位,则星轮停止。

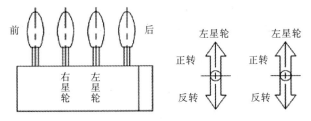

图 4-19 星轮运转

3. 第一运输机的操作

如图 4-20 所示,将手柄向外推,运输机反转;将手柄向内拉,运输机正转。

注意:该运输机的最大通过高度为 450mm,因此,当有大块煤或岩石时,应事先打碎后再运送;当运输机反转时,不要将运输机上面的块状物卷入铲板下面。

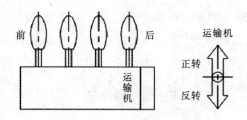

图 4-20　第一运输机

4. 截割头的操作

(1) 将升降手柄向前推，截割头向上升；向后拉，截割头向下降，如图 4-21 所示。

(2) 将回转手柄由中位向前推，截割头向左进给；向后拉动，截割头向右进给，如图 4-21 所示。

(3) 将伸缩手柄向前推，截割头向前伸长；向后拉，截割头向后回缩，如图 4-21 所示。

注意：当定位截割时，其截割断面为高 4.8m、宽 5.5m，卧底量为 0.216m。在操纵截割头时，上下、左右可同时动作，并进行辅助操作。

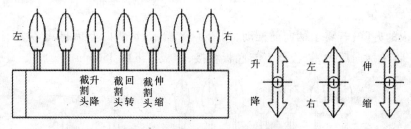

图 4-21　截割头升降、伸缩与回转

5. 后支承的升降

若将手柄向前推，机器抬起；向后拉，机器下降，如图 4-18 所示。

6. 内喷雾泵的运转

将手柄向里拉，喷雾泵被启动，实现截割头的内喷雾；将手柄向外推至中立位置，喷雾泵停止。不要只使用内喷雾，必须同时使用内、外喷雾。

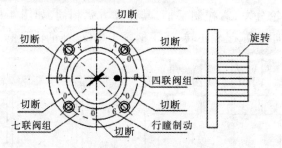

图 4-22　六点压力开关表

注意：保证先开内喷雾后进行切割。喷雾泵开动前，应将司机席右侧的截割头外喷雾用的阀门打开，确认是否有外喷雾。如果此阀处于关闭状态，将会造成喷雾泵的损坏，严禁手柄外推，使水泵反转。

7. 锚杆机接口的控制（选装）

将左、右星轮的手柄置于中位，将操纵台内球阀（两个）转于锚杆机接通位置。待锚杆机准备就绪，将星轮控制手柄向前推，给锚杆机供油。

8. 压力表

在操作台上装有六点压力开关表。通过旋转六点压力表使其红点对应不同位置,可以分别检测各处的油压状况。如图 4-22 所示。

注意:行走制动压力不超过 5MPa。

9. 液温液位计

在油箱侧面有液温液位计,用来指示液压系统油温和油箱的油量。

注意:当油箱油位过低时,会造成泵吸空而损坏。当油温超过 70℃ 时,应停止掘进机工作,对液压系统及冷却水系统进行检查,待油温降低以后再开机工作。

10. 紧急停止

当机械设备或人身安全处于危险状态时,可直接按动紧急停止开关(图 4-14)。此时全部电机停止运行。紧急停止开关分别装在电气开关箱和油箱的前部。

(四)掘进作业

1. 操作顺序

(1)油泵电机→启动第二运输机→启动第一运输机→启动星轮→启动截割头,以此作为启动顺序。

(2)当没有必要启动装载时,也可以在启动油泵电机后启动截割电机。

注意:在装载时,如先启动第一运输机,就会在与第二运输机的接头处造成堆积和落煤,同时会造成后退困难。

2. 截割

(1)利用截割头上下、左右移动截割,可截割出初步断面形状。若截割断面与实际所需要的形状和尺寸有一定的差别,可进行二次修整,以达到断面尺寸要求。

(2)一般情况下,当截割较软的煤壁时,采用左右循环向上的截割方法,如图 4-23 所示。

(3)当截割稍硬岩石时,可采用由下而上的左右截割方法。

(4)不管采用哪种截割方法,都要尽可能地从下而上进行截割,如图 4-24 所示。

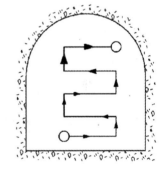

图 4-23　截割路线

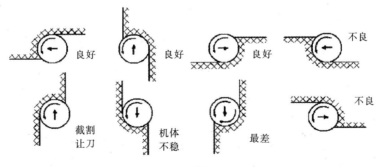

图 4-24　截割方式

(5)当遇有硬岩时,不应勉强截割。当有部分露头硬石时,应首先截割其周围部分,使其坠落。对大块坠落体,采用适当办法处理后再装载。

(6)当掘柱窝时,应将铲板降到最低位置向下掘,并需人工对柱窝进行清理。

(7)提高掘进操作水平。如果不能熟练自如地操作掘进机,所掘出的断面形状和尺寸与所要求的断面会有一定差距。例如,当掘进较软的煤壁时,所掘出断面的尺寸往往大于所要求的断面尺寸,这样就会造成掘进时间的延长以及支护材料的浪费;而掘进较硬的煤壁时,所掘断面尺寸往往小于所要求的断面尺寸。

3. 喷雾

在掘进时恰当控制粉尘是非常重要的。当开始掘进时,打开掘进机内、外喷雾系统,开始喷雾灭尘。

(五) 有关操作注意事项

(1)发现异常应停机检查,处理好后再开机。

(2)不要超负荷操作。

(3)在软底板上操作时,应在履带下垫木板,木板间距1~1.5m,加强行走能力。

(4)操作液压手柄时要缓慢,要经过中间位置,例如,机器由前进改为后退时,要经过中间的停止位置,然后改为后退。操作其他手柄也应如此。

(5)启动或停止电机时,要动作迅速,避免缓慢微动。

(6)机器动作时,要充分注意,不要使掘进机压断电源线。

(7)应确认安全后再启动截割头。

(8)装载时一定要注意铲板高度的调整,当行走时铲板一定要抬起。

(9)大块煤岩可能卡在本体龙门口处造成第一运输机停止,必须将大块击碎成小块后再装载运输。

(10)由于机器的行走振动,第二运输机可能向左右偏移,与支护或其他设备触击,要引起注意。

(11)机器行走时,避免左右切割。

(12)在切割时,特别是切割硬岩时,会产生较大的振动,造成截齿超前磨损或影响切割效率,要使铲板及后支承接地良好,加强稳定性,减少振动。

(13)设备停止工作时,截割头回缩,铲板落地。

(六)保养与维修

日常的检查和维修,是为了及时地消除事故的隐患,使机器设备能充分发挥作用,能尽早发现机器各部的异常现象,并采取相应的处理措施。

1. 日常检查(即每天工作前检查内容)

掘进机日常检查内容表

检查部位	检查内容及其处理
截割头	如有截齿磨损、损坏,更换截齿 检查齿座有无裂纹及磨损

续表

检查部位	检查内容及其处理
伸缩部	向伸缩筒加注黄干油 如润滑油量不足,应及时补加
减速机	检查有无异常振动和音响 通过油位计检查油量 检查有无异常温升现象 检查螺栓类有无松动现象
行走部	履带的张紧程度是否正常 履带板有无损坏 履带销是否脱落
铲板部	星轮的转动是否正常 星轮的磨损状况 紧固件有无松动现象
第一运输机	链条的张紧程度是否合适 检查刮板、链条的磨损、松动、破损情况 从动轮的回转是否正常
水系统	清洗过滤器内部的脏物 清洗堵塞的喷嘴
配管类	如有漏油处,应充分紧固接头或更换O形圈
油箱油量	如油量不足,应加油
油箱的油温	油冷却器进口侧的水量充足,应保证冷却效果,将油温控制在70℃以下
油泵	油泵有无异常音响 油泵有无异常温升现象
液压马达	液压马达有无异常音响 液压马达有无异常温升现象
换向阀	操纵手柄的操作位置是否正确 有无漏油现象

2. 定期检查

根据表下各项内容定期检查保养,并参照其各部的构造说明及调整方法。

掘进机定期检查内容

检查部位	检查内容	每1月（250h）	每3月（750h）	每6个月（1500h）	每1年（3000h）
截割头	修补截割头的耐磨焊道		○		
	更换磨损的齿座		○		
	检查凸起部分的磨损	○			
伸缩部	拆卸检查内部				○
	检查保护筒前端的磨损			○	
截割减速机	分解检查内部			○	○
	换油				
	加注电机黄干油		○		
	检查螺栓类有无松动	○			
铲板部	检查驱动装置的密封	○			
	修补星轮的磨损部位			○	
	检查轴承的油量		○		
	检查铲板上盖板的磨损		○		
本体部	回转轴承紧固螺栓有无松动现象		○		
	机架的紧固螺栓有无松动现象		○		
	向回转轴承加注黄干油	○			
行走部	检查履带板		○		
	检查张紧装置动作情况		○		
	拆卸检查张紧装置				○
	调整履带的张紧程度	○			
	检查滑动摩擦板				○
行走减速机	换油			○	
第一运输机	检查链轮的磨损		○		
	检查溜槽底板磨损情况			○	
	检查刮板的磨损			○	
	检查从动轮及加油	○			
喷雾部	调整减压阀的压力	○			
	清洗过滤器及喷嘴	○			

续表

检查部位	检查内容	每1月(250h)	每3月(750h)	每6个月(1500h)	每1年(3000h)
液压系统	检查液压电机连轴器 更换液压油 更换滤芯（使用初期1个月后） 调整换向阀、限压阀	○	○	○	○
油缸	检查密封 缸盖有无松动 衬套有无松动,缸内有无划伤、生锈	○		○ ○	
电气部分	检查电机的绝缘阻抗 检查控制箱内电气元件的绝缘电阻 电气元件有无松动 电源电缆有无损伤 紧固各部螺栓 电机轴承加注黄干油	○ ○		○ ○ ○	

3.注油

煤尘和水对油脂的清洁度有直接影响,应慎重保管和使用油脂。特别是对液压系统更应十分注意,避免因粉尘或水的混入而造成液压系统的故障。

(1)液压系统用油。造成液压系统故障的原因,70%是由于液压油管理不善,如能充分地注意管理,则可减少液压系统故障的发生。有关液压油的管理,要注意以下几点：

①防止杂物混入液压油内。

②当发现油质不良时,应尽快换成新油。

③过滤器更换应符合规定要求。

④油箱油量应符合技术要求。

⑤油冷却器内保证有足够的冷却水通过,以防止油温的异常上升。

(2)液压系统用油的选定标准。所用液压油,必须是适合于高压系统的油类,要选用具有

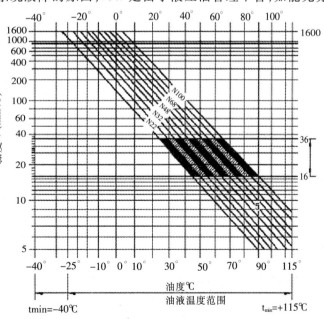

图4-25 液压油参数图

耐磨耗性、抗氧化性、润滑性等特性良好的油类,如图4-25所示。

当使用环境在-50℃以上时,所选用的液压油应该是抗磨液压油或极压抗磨液压油 YB-N68。

其质量指标如下:运动黏度:$37\sim43mm^2/s(50℃)$;凝点:$\leq-25℃$;黏度指数:≥90。

(3)液压油的检查。

①按一定时间(1个月)从油箱内抽取约1L的油样,注入清洁的试管内(数个试管),在分别保管10天后和1个月后与新油相比较,观察其颜色、透明度、杂物的混入程度及沉淀物等的变化。由于人眼的能见度下限为$40\mu m$,这样可初步确定油液的清洁度。然后用滤纸过滤液压油,滤出不纯物,再根据滤纸颜色来判断油液的清洁度。这要求观测者有丰富的经验。

②更严格的检查则是依据厂家的标准,对黏度、抗氧化性、水分的含量、沉淀物、色相、比重、闪点等进行检查,根据检查结果及抽取油样的时间,来决定更换液压油的时间。

(4)减速机用润滑油的选定标准。润滑油对减速机的使用寿命及效率起着重要的作用。

使用润滑油的目的:一方面是向齿轮副、轴承等摩擦表面提供润滑剂,降低摩擦,另一方面是具有散热作用。

(5)润滑油的更换。在最初运转的300h左右,应更换润滑油。由于在此时间内,齿轮及轴承完成了跑合过程,随之产生了少量的磨耗。而在此之后相隔1500h或者6个月以内必须更换一次。当更换新润滑油时,应事先用洗油清洗掉箱体底部附着的沉淀物,再加入新油。

(6)液压油的更换。

①运转期间每隔1500h或者6个月更换一次液压油。

②当油量少于要求时,应及时追加油量。但如此反复追加油量,会造成油质的过早恶化,产生漏油现象。

③当液压系统中发现了异常物时,应将其全部油排放掉,并对其液压系统进行清理。

④本机采用的液压油不得与其他油种混合使用。

⑤机器运转前,要认真检查油箱的油位。

(7)润滑脂。润滑脂既起到对滑动面润滑的作用,又起到防止粉尘和水混入的作用。

(8)整机润滑(图4-26)。

4.低温运转时的注油

(1)当周围环境在-5℃以下,需要使用掘进机时,应使用下表中的油种。

低温用油

液压轴	低凝液压油 YC-N68
减速机油	工业齿轮油 N320
适应温度	-20~15℃(周围环境温度)

(2)启动及运转时的注意事项。

①启动时,应把截割部升至水平状态。

②进行掘进作业时,应首先空运转30min左右,使温度上升。

5.冷却水

(1)水温:30℃以下。

(2)水质:pH6~8。
(3)水量:100L/min。
(4)含盐:200μg/mL以下。

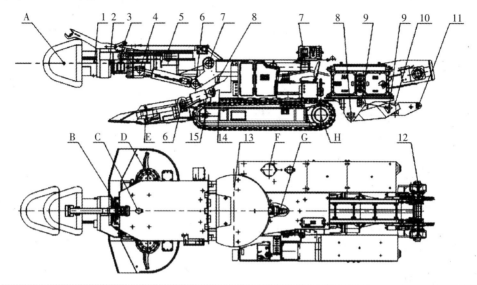

油种	序号	加油点	加油时间	油量(L)	备注
锂基润滑油 ZL-3	1	保护筒导向键	1次/日	适量	
	2	伸缩保护筒	1次/日	适量	
	3	截割头伸缩油缸销轴	1次/日	适量	
	4	截割头升降油缸销轴	1次/日	适量	
	5	截割部与回转台连接销轴	1次/日	适量	
	6	铲板与伸降油缸销轴	1次/日	适量	
	7	回转油缸销轴	1次/日	适量	
	8	后支撑连接销轴	1次/日	适量	
	9	后支撑油缸销轴	1次/日	适量	
	10	第二运输机回转连接销轴	1次/日	适量	
	11	第二运输机连接销轴	1次/日	适量	
	12	一运驱动装置轴承座	1次/日	适量	
	13	回转轴承	1次/日	适量	
	14	铲板销轴	1次/日	适量	
	15	轮轴	1次/日	适量	
重负荷工业齿轮油 N320	A	伸缩部前端	部件组装时	13	分解时补充减少量
	B	伸缩部后端	部件组装时	40	每月1次检查补充减少量
	C	截割减速机	部件组装时	65	每月1次检查补充减少量
	D	星轮驱动装置	部件组装时	3	每月1次检查补充减少量
	E	星轮从动装置	部件组装时	0.7	每月1次检查补充减少量
抗磨液压油 L-HM68	F	油箱	装机后	500	每月1次检查补充减少量
齿轮油150	G	喷雾泵	300h或1个月	0.8	
齿轮油220	H	行走减速机	300h或1个月	8.5	

图4-26 整机加油点布置图表

四、任务实施

(1)做好截割前的准备工作。
(2)在老师指导下正确操作。
(3)对各部结构件进行日常的维护保养。

任务三 掘进机安装与试运转

一、知识点

(1)掘进机的拆卸、组装方法。
(2)掘进机操作安全知识。
(3)掘进机安装质量标准。

二、能力点

(1)掘进机的解体。
(2)掘进机的组装。
(3)掘进机的调试与验收。

三、相关知识

(一)概述

有安全及防爆性能要求的外配套产品,必须按《EBZ160安全标志控制件明细表》中所列的配套厂家进行选配。

电气装置必须按其各处警示牌"严禁带电开盖"的要求进行操作。

在提吊掘进机的大部件之前,应确保提示设备的安全工作未超负荷。

高压液压系统和供水系统对人员有危险。所以,在这些管路被断开之前或者在拆卸系统中的部件之前,应先将系统中的压力消除掉。

液压油对人身健康有害,所以必须避免眼睛和皮肤接触液压油。禁止吞食液压油以及吸入油气。

液压系统的所有液压元件及接合处严禁在泄漏状态下工作。

注意:当液压、润滑或供水系统的软管和部件被拆卸后,必须用大小合适的丝堵或盖帽将暴露在外的孔眼堵上,防止异物进入其内。在拆卸前,必须注意记下螺栓、紧固件等的安装方向。断开电缆和软管之前,应在其上装上标签。断开接线后,应对接头处进行保护。在断开液压或供水系统的管路之前,所有的软管都应标上标签,并排空系统内的液体。除非特殊说明,掘进机的液压系统在机器出厂前均已加注了矿物油。掘进机在井下工作时,不适合使用这种液压油,所以,必须将其排除,换上适当的阻燃液压油(按说明书中的标准要求)。

若巷道比较窄,可能无法调转长部件。所以在运输之前,先在这些部件上作上标记。

(二)解体要求

掘进机如果安装在井下使用,则有可能在地面上先将它解体,再运到井下。将掘进机解体成多少部分由多种因素决定。这些因素包括井筒的尺寸、巷道的尺寸以及提升设备的安全提升负载。

以下给出2种分解方式,供一般性参考:

(1)巷道断面宽敞条件下,机器可分解为四部分,如图4-27所示。

(2)巷道断面窄小或在竖井条件下运输,机器可分解为16个部分,如图4-28所示。

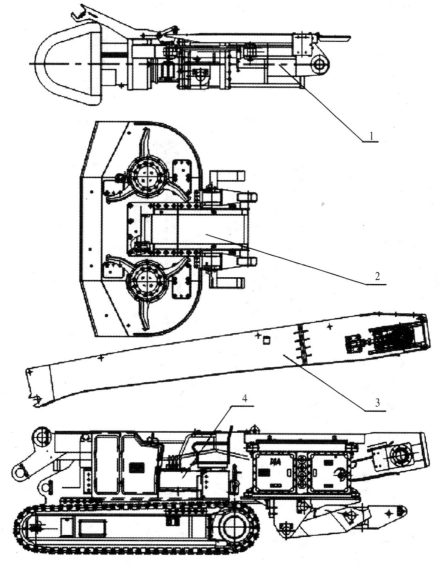

1—截割部分;2—铲板部;3—第一运输机;4—其余(本体、行走部、后支承、液压系统等)

图4-27 分解方式Ⅰ

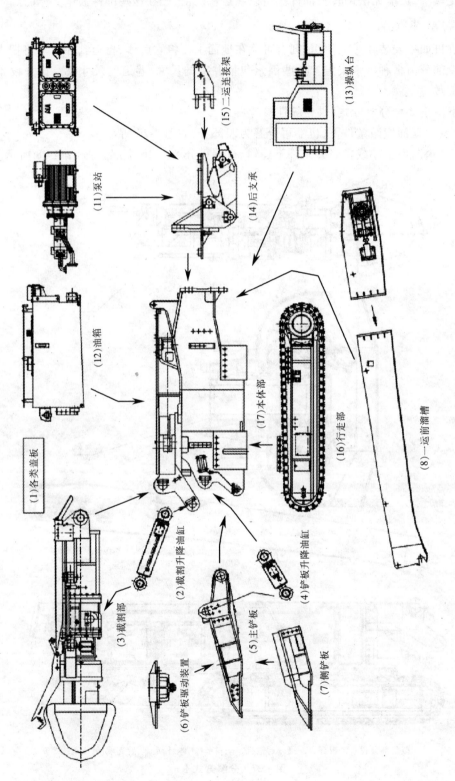

图 4-28 分解方式 Ⅱ

(三)向井下运输的顺序及要求

1. 运输顺序

一般情况下,按下列顺序分解和向井下运输。

下井分解及运输顺序表

分解顺序	组件名称	运输顺序
1	各盖板类	17
2	截割升降油缸	5
3	截割部	1
4	铲板升降油缸	6
5	主铲板	2
6	铲板驱动装置	4
7	侧铲板	3
8	第一运输机前溜槽	11
9	第一运输机后溜槽	12
10	电气开关箱	16
11	泵站	15
12	油箱	14
13	操纵台	13
14	后支承	9
15	第二运输机回转架	10
16	行走部	8
17	本体部	7

注意运输过程中各部件的方向,防止反向运输给安装带来不便。

各部分运输参数表

序号	名称	数量	外形尺寸(m)	重量(t)	备注
1	截割部	1	4.2×1.85×1.40	7.8	可拆解
2	主铲板	1	2.5×1.50×0.61	2.0	
3	侧铲板	2	1.7×0.25×0.5	0.61	
4	铲板驱动装置	2	φ1.4×0.5	0.32	
5	截割升降油缸	2	1.3×0.22×0.33	0.26	
6	铲板升降油缸	2	0.8×0.22×0.33	0.18	
7	本体部	1	3.63×1.68×1.54	8.0	

续表

序号	名称	数量	外形尺寸(m)	重量(t)	备注
8	履带部	2	3.43×0.82×0.73	5.0	可拆解
9	第一运输机前溜槽	1	3.87×0.82×0.6	1.25	
10	第一运输机后溜槽	1	1.72×1.36×0.63	1.21	
11	后支承	1	2.0×2.4×1.05	2.8	可拆解
12	第二运输机回转架	1	1.24×0.79×0.3	0.4	
13	油箱	1	2.2×0.71×0.95	0.94 (1.45)	括号内为加油后重量
14	泵站	1	1.71×0.56×0.67	1.25	
15	操纵台	1	2.0×0.8×1.0	0.7	
16	电气开关箱	1	1.86×0.65×0.73	0.5	
17	各盖板类				

2. 运输要求

(1)应充分考虑到用台车运送时台车的承重能力,装货物时要加强保护并防止窜动,用钢丝绳紧固时要防止设备损坏及划伤。

(2)对于液压系统及配管部分,必须采取防尘措施。

(3)如销子、螺栓类等小件物品,应与相应的分解部分一起运送。

(4)电气设备要用塑料薄膜覆盖,不得与酸、碱物接触,勿受剧烈震动。

(四)在井下的装配方法

组装好后的掘进机长度约9.3m,因此组装区的长度要求约为30m,以便安装时在各部件的前后端留出一定的空间。为确保顺利安装,以如下几个大件部分为例,说明其安装方法。

开始组装之前,应将本任务内运输顺序表中的第1~6项部件运抵组装区前部。在组装过程中,应遵守本项目任务一概述中的有关规定和程序。应对所有的对接表面进行检查、清理,涂上少量油。在拆卸期间动过的所有紧固件在组装时都必须重新紧固。有些紧固件有紧固力矩要求或有防松胶要求的,一定按要求执行。所有螺栓应均匀紧固,防止由于紧固不均而造成偏斜。各部件上均配有起吊点,起吊点的承重能力仅限该部件。将数个部件组装在一起后,就不能使用单个部件的起吊点起吊。建议使用适合的D形吊钩环配合钢丝绳索或链子锁具起吊。当起吊各部分时,按吊孔和吊环的位置挂钢丝绳。装销子前,必须按要求涂润滑脂。在有防尘圈的部位装销子时,必须注意不要划伤其防尘圈,在插销子时,一边稍稍转动,一边插入。调整螺栓的露出部分,为防止生锈,应涂抹润滑脂。更换易损件时,应先用煤油清洗,然后吹干后装入。安装部位必须确保达到装配要求。

1. 本体部和履带行走部的安装方法

(1)如图4-29所示的吊钩位置为起吊位置,用钢丝绳将本体部吊起。

项目四 EBZ160型综合掘进机的使用与维护 · 125 ·

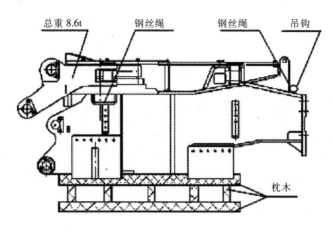

图 4-29 机架吊装

（2）用枕木将本体部垫起，使其底板与履带部的安装面的距离在370mm以上。
（3）用钢丝绳将一侧履带部吊起，与本体部相连接，紧固力矩为1200N·m。
（4）用枕木等垫在已装好的履带下面，防止偏倒，如图4-30所示。

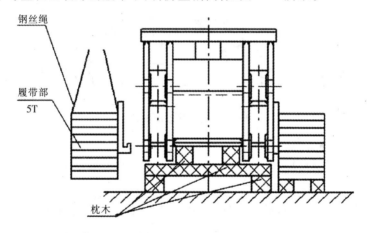

图 4-30 机架与行走部连接

（5）用相同的方法安装另一侧的履带。
（6）两侧履带连接完后，用与（1）同样的方法将本体部吊起，抽出枕木等物。
（7）按图4-31所示紧固螺栓后，再用铁丝进行防松。

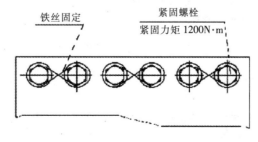

图 4-31 螺栓防松

2. 后支承器的安装方法

(1) 如图 4-32 所示,起吊后支承器与本体部的后部连接。

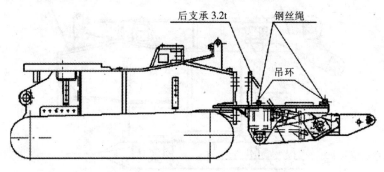

图 4-32 后支承安装

(2) 连接螺栓的紧固力矩为 882N·m。

3. 铲板部的安装方法

(1) 如图 4-33 所示,用钢丝绳将铲板吊起,与本体的机架连接。

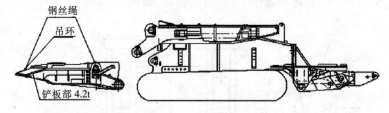

图 4-33 铲板部安装

(2) 安装用于铲板升降的油缸。

(3) 安装完后,使铲板的前端与底板接地,或者在铲板前端垫上枕木。

4. 第一运输机的安装方法

(1) 第一运输机的装配如图 4-34 所示,将运输机吊起,从后方插入本体机架内。

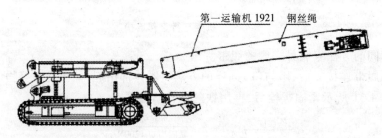

图 4-34 第一运输机安装

(2) 将链条的一端用长铁丝捆住,由下部向前引入,在前导轮处反向,沿链条的运行方向拉出铁丝,接好链条。

(3) 当第一运输机的溜槽与本体连接后,装入链条。按如图 4-35 所示安装调整刮板链。

(4) 链条的张紧和松开通过张紧丝杠来实现,如图 4-35 所示,链条的缓冲力由弹簧座来完成。

项目四 EBZ160型综合掘进机的使用与维护

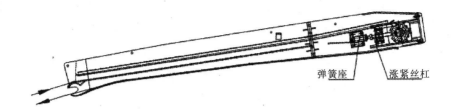

图 4-35 链条装配

5. 截割部的安装方法

（1）如图 4-36 所示，用钢丝绳将截割部吊起与回转工作台连接。

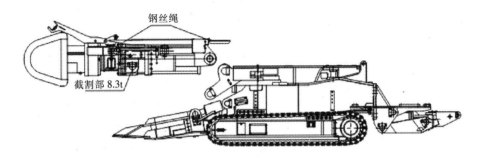

图 4-36 截割部安装

（2）安装用于截割部升降的油缸。

（3）装好后使截割头前端与底板相接，或者用枕木垫起。

6. 连接配管的方法

从操作台换向阀出来的配管，以及横贯操作台的配管，必须由下侧依次排列整齐。另外，当分解或装配时，必须把相连接的配管与接头扎上相应的号码牌，如图 4-37 所示。

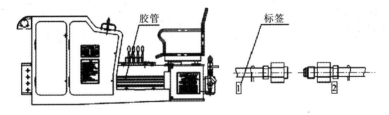

图 4-37 配管图

注意：分解后，做好各接口的防尘保护工作。

（五）各部分的调整及调整注意事项

1. 第一运输机链条和链环的张紧

（1）链条的张紧。

①刮板链的张紧采用螺旋张紧方式，如图 4-38 所示。

②将铲板压接底板。

③松开锁紧螺母。

④均等地调整左右丝杠,使运输机下面的链条中部具有 70mm 的下垂度,驱动轮下方下垂 20~30mm,然后紧固锁紧螺母。

注意:如果链条过紧或者左右张紧装置张紧不均匀,有可能造成驱动轴的弯曲、轴承损坏、链条跑偏、液压马达过负荷等现象。

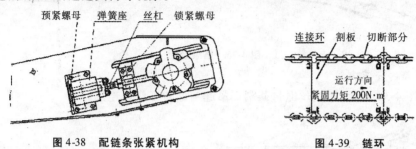

图 4-38　配链条张紧机构　　　图 4-39　链环

(2)链环的调整。如调整丝杠后仍不能达到预想的效果时,则链条应各取掉 2 个链环,再调至正常的张紧程度,如图 4-39 所示。

2. 履带的张紧调整

在掘进机工作状态,履带要保持一种适当的松紧程度,这对履带链板与驱动轮的正确啮合非常重要,也会影响掘进机的整机稳定性。

左右履带张紧的调整是由张紧油缸推动张紧轮组来实现的。张紧油缸伸出后在张紧轮托架后插进卡板,张紧油缸泄压靠履带的张力压紧卡板。卡板的厚度分为 50mm、20mm、10mm 3 种规格,可随意组合使用,如图 4-40 所示。

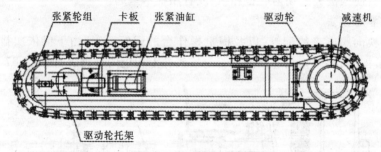

图 4-40　履带张紧机构

当履带过于松弛时,链轮与履带处于非啮合状态,原因是履带的节距被拉长。遇到诸如此类问题时,应排除故障,更换损坏件。

注意:履带张紧程度要适当,履带张紧后要有一定的垂度,其垂度值为 30~50mm。

3. 液压部分的调整

本液压系统为变量泵、负载敏感反馈控制系统,其能耗小,压力和流量可根据负载进行变化。在正常情况下,应 1 个月左右对液压系统压力检查及调整 1 次。本系统的最大压力为 18MPa。

(1)柱塞变量双泵的调整。

①功能及设定值。液压系统由 2 个变量泵提供液压动力,一泵具有恒功率、压力切断、

负载敏感功能,二泵具有恒压力、负载敏感功能。如图4-41(工作位置俯视状态)和图4-42所示,一泵的压力调整通过压力切断阀(最高压力为18MPa),二泵的压力调整通过恒压控制阀(最高压力为18MPa)。

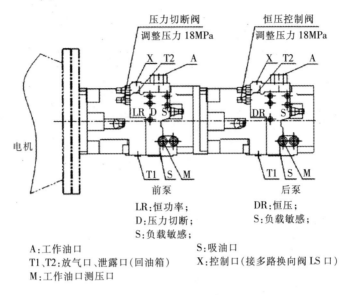

图4-41 柱塞变量双泵

注意:图4-41中与电机相连的为一泵,与一泵相连的为二泵。与相应换向阀连接时参照图4-2,不要接错,以免使液压系统出现故障。

②调整方法。首先取下帽式胶套,将锁紧螺母松开,然后用内六角扳子调整螺丝,使压力增高。当调至设定的压力后,拧紧锁紧螺母,并装好帽式胶套,如图4-42所示。

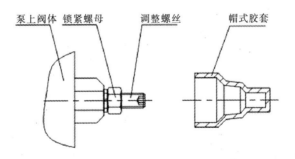

图4-42 泵上阀调整

(2)换向阀的调整。

①功能及设定值。七联阀是控制一泵与行走马达、各油缸油路的中间液压元件。四联阀是控制二泵与一运、星轮、喷雾油路的中间液压元件,它可将负载的压力信号反馈给各自的变量泵。七联阀和四联阀的压力调整均通过各自限压阀(最高压力均为22MPa),其中四联阀中喷雾泵用限压阀的最高压力为10MPa,如图4-43、图4-44所示。

②调整方法。首先取下帽式螺母,将锁紧螺母松开,然后用内六角扳子调整螺丝,使压

力增高,当调至设定的压力后,拧紧锁紧螺母,并装好帽式螺母,如图4-45所示。

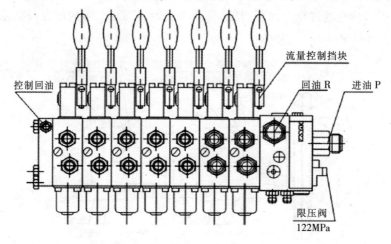

图4-43 七联阀

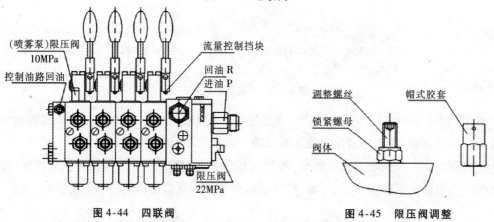

图4-44 四联阀　　　　　　　图4-45 限压阀调整

四、任务实施

（一）掘进机组装的顺序和安装时的注意事项

（1）连接机架和装有稳定器的行走机构。通过调整履带,使机架内侧面相互平行,并用螺钉把它们连接到后稳定器上。连接机架和后稳定器时,暂时不用防松剂,只要将螺栓略微地拧紧。这时要注意一点,如果行走机构电动机已先拆卸的话,在组装之前,要将之前卸下的电动机先安装到行走机构减速器上。

（2）安装回转台时,将所有的螺钉均匀地略微拧紧,注意不要用防松剂。回转台的各部件装配相互靠平时,装上弹性圆柱销,拧紧螺钉,把防松剂放入盲孔,按规定的力矩拧紧螺钉。

（3）安装横向部件,螺钉要紧固并使用防松剂。

（4）安装油箱、电气控制箱和主令控制箱。

（5）安装装运机构。这里首先要提示的是：在现场安装时,要仔细检查所有的装配面,确认装配面清洁无损后再安装。安装时,螺钉和螺栓按交叉对角线的顺序略微拧紧,直到3个装配面都贴平,然后仍依照交叉对角线的顺序,按规定的力矩拧紧螺钉和螺栓,否则,会发生铲板托架松动的情况。如果发生铲板松动的情况,为找到松动的螺钉,需要拆开刮板输送机与装运机构,这样就要耗费大量的时间,并影响进尺(表示进度),给生产带来损失。

(6)安装刮板输送机。安装时要注意,装运机构相互位置要能达到180°,最大允许偏差不超过8°。安装时还要注意,装运机构减速器上十字滑块联轴器的槽要对准刮板输送机的插接方向;刮板输送机的换向轴上的十字滑块联轴器要处于刮板输送机的装入方向。

安装时,还要注意使联轴器两边的耙爪以同样的深度啮合,以保证刮板输送机能准确地固定在铲板的中心线上。

(7)安装截割臂。安装截割臂或安装截割减速器都必须正确定位,在操作台上向前看。油位螺塞必须处于左侧。安装时要注意保持接触面清洁无损,有污损处要细心修整,保证整个接触面能相互对接贴平。如果整个接触面不能达到相互贴平,则截割臂承受的重载会使结合处松动,严重时甚至会使颈状螺钉切断。安装时还要注意,在拧颈状螺钉时,按连接面的对角线进行,并按规定的力矩拧紧,直到连接的两面都贴平为止。

(8)安装液压软管和硬管。安装管路时,要注意所有的管路连接都要保持清洁,绝对避免脏物。软管连接应能够灵活移动,在拧紧接头后,软管不能弯曲,装配O形密封圈及拧紧螺钉时,不要拧得太紧。

(9)接上电动机和头灯。按照拆卸时对电动机和电缆做的记号进行接线,电动机和头灯的接线要按《煤矿安全规程》规定和其他有关安全规定进行操作,接线时要细心认真,并保证所有的接线部正确无误。

设备运到工作面现场后,要将其放在宽大于3m、长为15m的底板平整的巷道内,将巷道清理干净,按照安装方便的顺序将部件放好。还要准备必要的安装提升设备,2台单独的5t起重机、2台单独的2t起重机、1台承重5t的绞车及合适的链条缆绳、绳卡等。同时还需要准备好润滑油脂以及安装所需的其他工具和设备,以保证安装工程的顺利进行。

安装完毕后,要将电动机接线盒和电气控制箱的表面清理干净,并涂上油脂,以防锈蚀。

(二)机器组装后的试运转要求

在开机调试运转前,向减速器注油,对整机进行润滑,将油箱注满质量合格、符合标号的液压油,向冷却系统注水,将截割头装上截齿,并送上电。检查一下拖曳电线能否拖曳,有无重物压在上面;检查各电动机的旋转方向是否正确;检查油泵的转动方向、流量及各安全阀、节流阀的压力是否符合要求。还要检查刮板输送机和履带链松紧是否适度。完成以上工作后,在确定机器周围危险区无人的情况下,才允许启动机器,进行细致的调试工作。

任务四　掘进机故障处理

一、知识点

(1)掘进机常见故障的诊断。
(2)掘进机常见故障的处理。
(3)掘进机事故安全分析。

二、能力点

(1)熟悉掘进机常见故障的诊断方法。
(2)掌握掘进机常见故障的处理方法。
(3)能对掘进机的事故安全进行分析并得到启示。

三、相关知识

为确保机器正常运转,要切实做好机器的日常保养和维护的工作。设备的操作者应在操作掘进机前,学会并掌握该机的技术特性及操作方法,能及时发现异常并排除故障。

掘进机常见故障现象表

现象	原因	处理
截割头不转动	(1)截割电机过负荷 (2)过热继电器动作 (3)截割头轴损坏 (4)减速机内部损坏	(1)减轻负荷 (2)约等3min复位 (3)检查内部 (4)检查内部
伸缩筒不动作	(1)伸缩油缸动作不良 (2)截割头轴弯曲	(1)检查内部 (2)检查内部
星轮转动慢或不转动	(1)油压不够 (2)油压马达内部损坏	(1)调整泵或阀的压力 (2)更换新品
第一运输机链条速度低或动作不良	(1)油压不够 (2)油压马达内部损坏 (3)运输机过负荷 (4)链条过紧 (5)链轮或铲板接口处卡有岩石	(1)调整泵或阀的压力 (2)更换新品 (3)减轻负荷 (4)重新调整张紧装置 (5)清除异物
履带不行走或行走不良	(1)油压不够 (2)油压马达内部损坏 (3)履带板内充满沙土并坚硬化 (4)履带过紧 (5)驱动轴损坏 (6)行走减速机内部损坏 (7)行走制动阀块损坏 (8)七联阀内减压阀有故障	(1)调整泵或阀的压力 (2)更换新品 (3)清除沙土 (4)调整履带的张紧程度 (5)检查内部 (6)检查内部 (7)更换新品 (8)检查内部
履带跳链	(1)履带过松 (2)驱动轮齿损坏 (3)张紧装置有故障	(1)调整张紧度 (2)更换驱动轮 (3)检查张紧装置
减速机有异常音响或温升高	(1)减速机内部损坏(齿轮或轴承) (2)缺油	(1)拆开检查(行走减速箱除外) (2)加油

续表

现象	原因	处理
配管漏油	(1)配管接头松动 (2)O形圈损坏 (3)软管破损	(1)紧固或更换 (2)更换O形圈 (3)更换新品
油箱的油温过高	(1)液压油量不够 (2)液压油油质不良 (3)系统压力过高 (4)油冷却器冷却水量不足 (5)油冷却器内部堵塞	(1)补加油量 (2)换油 (3)调整油泵输出压力 (4)调整水量 (5)清理内部
油泵有异常音响	(1)油箱的油量不足 (2)吸油过滤器堵塞 (3)油泵内部损坏	(1)加油 (2)清洗 (3)检查内部或更换
油压达不到规定压力	(1)油泵内部损坏 (2)压力控制阀出现故障	(1)更换 (2)检查压力控制阀内部
换向阀杆不动作	(1)阀杆研伤或有异物 (2)阀杆连接件过紧或损坏	(1)检修 (2)调整或更换
换向阀动作不良	(1)钢球定位弹性挡圈损坏(四联阀) (2)弹簧损坏 (3)弹簧锁紧螺栓松动	(1)分解检查更换 (2)更换弹簧 (3)分解检查调整
油缸不动作	(1)油压不足 (2)换向阀动作不良 (3)密封损坏 (4)控制阀动作不良	(1)调整系统压力 (2)检修 (3)更换 (4)检修控制阀内部
油缸回缩	(1)内部密封损坏 (2)平衡阀失灵	(1)更换 (2)更换
没有外喷雾或压力低	(1)喷嘴堵塞 (2)供水入口过滤器堵塞 (3)供水量不足	(1)清理 (2)清理 (3)调整水量
内喷雾喷不出水或不成雾状	(1)喷嘴堵塞 (2)喷嘴泵入口过滤器堵塞 (3)供水量不足 (4)减压阀动作不良 (5)喷雾泵密封损坏 (6)喷雾泵内部损坏	(1)清理 (2)清理 (3)调整水量 (4)调整或检查 (5)更换 (6)检修或更换

四、任务实施

1. 故障诊断的依据

(1) 认真阅读有关技术资料,弄清采煤机的结构原理。

(2) 了解采煤机的性能特点,为综合分析运行工况打下知识基础。

(3) 要不断地增加对设备的熟悉程度,积累设备的运行规律和处理问题的经验。

2. 故障诊断程序

由表及里、由现象到原因,查出问题背后的一般性规律,主要采用听、摸、看、量结合经验分析的方法进行。

3. 处理故障的一般方法

(1) 了解故障的表现和发生经过。

(2) 分析故障的原因。

(3) 做好排除故障前的各项准备工作。

(4) 采取措施、按步骤地排除故障。

(5) 做好其他工作。

思考复习题

1. EBZ160 综掘机有哪些特点?
2. 简述 EBZ160 综掘机的型号含义及适用范围。
3. EBZ160 综掘机有哪些安全保护性能?
4. EBZ160 综掘机的主要结构组成有哪些?
5. 综掘机第一运输机的结构和作用是什么?
6. 综掘机行走部的结构及作用是什么?
7. 综掘机液压系统的结构及功能有哪些?
8. 画表说明综掘机下井分解及运输顺序。
9. 叙述综掘机行走及截割头的操作方法。
10. 叙述综掘机的操作注意事项。
11. 综掘机第一运输机"链条速度低或动作不灵"是什么原因引起的?怎样处理?
12. 综掘机"履带不行走或动作不良"的原因有哪些?怎样处理?
13. 综掘机"截割头不转动"的原因有哪些?怎样处理?
14. 叙述综掘机"油箱的油温过高"的故障原因及处理方法。
15. 综掘机的日常检查内容有哪些?

参考文献

[1] 丛铁军.巷道掘进机[M].北京:煤矿工业出版社,1980.
[2] 陶驰东.采掘机械[M].北京:煤矿工业出版社,1993.
[3] 编委会.综采生产管理手册[M].北京:煤炭工业出版社,1994.
[4] 劳动部、煤矿工业部联合颁发.工人技术等级标准.1994.
[5] 劳动部、煤矿工业部联合颁发.综掘机司机(机电)修理工.1997.
[6] 编委会.煤矿支护手册[M].北京:煤炭工业出版社,1998.
[7] 劳动部、煤矿工业部联合颁发.液压支架(柱)修理工.2002.
[8] 孟国营.煤矿机械安全[M].徐州:中国矿业大学出版社,2002.
[9] 劳动部.煤矿工业部联合颁发.综采维修钳工、修理工.2003.
[10] 杨玉生.最新煤矿生产和技术人员岗位安全技术操作与技能培训考核指导手册[M].西安:中国知识出版社,2005.
[11] 李峰.现代采掘机械[M].北京:煤矿工业出版社,2006.
[12] 王守彪.综合机械化采煤机械[M].北京:中国劳动社会保障出版社,2006.
[13] 陈延广.综合机械化掘进机械[M].北京:中国劳动社会保障出版社,2006.

参考文献